一起 來糰 捏 飯

選在地
吃當季

國民媽媽教你一次學會80個
適合早餐、午餐、晚餐、野餐的美味快速手捏飯糰

宜手作——著
YIFANG's handmade

積木文化

Contents

Chapter 01
抹醬飯糰

Chapter 03
煎飯糰

Chapter 02
拌料飯糰

Chapter 04
包餡飯糰

Chapter 07
手毬飯糰

Chapter 06
海苔球飯糰

Chapter 08
炊飯飯糰

Chapter 09
免捏飯糰

Column
飲品、湯品與配菜

Chapter 10
炸飯糰

內頁標示 ▶ 符號即有示範影片連結，
請參見最後一頁。

利用豐盛鮮美的在地食材，
捏出自己與家人都喜愛的飯糰

宜手作／YIFANG's handmade
插畫／陳語直

我對飯糰的喜愛，
源自於對米飯的熱愛。

　　小時候的我很挑食，滿滿一桌菜，很難有我願意夾起的，唯獨白米飯，可以毫不抱怨的整碗吃光光。進入青春期後食量大增，但一樣挑食，餐餐五碗白米飯淋醬油，短短一個暑假，竟讓原本瘦小的我抽高十幾公分。可以說，在矯正我的挑食問題前，白米飯是我身體最大的營養來源，也是讓我長大的最大功臣。

　　即便如此，當時的我並不覺得米飯很重要，和大多數人一樣，認為吃飯只是為了填飽肚子而已，直到大學畢業後在美國念書的某一個暑假，我和先生選修了一門沙漠生態學，一團連同教授7人，為期三週，開車奔馳在美國中西部的沙漠區觀察植物與鳥類的生態，我們每天紮營在國家公園內，早餐都是預先在超市買的土司、火腿、美乃滋，午餐同樣在園區內做觀察記錄，也都是用冰桶內的三明治或麵包草草解決，晚餐如果運

氣好，開車經過稍微熱鬧一點的城鎮，還可以吃漢堡、牛排或義大利菜。

如此的飲食只過了一週，原本食量大的我開始覺得不舒服，早上醒來光是想到又要吃冰桶內的吐司和火腿，就讓我覺得反胃。有天晚上我們開車經過一個城市，準備到下個國家公園紮營，遠遠的我看到一家中餐館，招牌上的霓虹燈閃著中文字，想念米飯的心情湧上心頭，眼淚差點流下來，那時我才意識到米飯對我真的很重要，再度燃起對米飯深深的愛，從此成為忠實的米飯擁護者。

米飯的種類很多，烹煮的方式也多元，我發現最能將米飯發揮到淋漓盡致的作法就是捏飯糰了，單純的白米飯在手中一捏，怎麼看都可愛；將食材拌入一起捏，沒問題！甚至要烤、要煎、要炸都可以！而且說到飯糰，誰能不愛？我的料理課中最熱門的就是飯糰課，每次開

課報名都是秒殺，課程一再加開，各地的網友也不停的詢問何時能到他們那兒開課？雖然我很希望能到處開課，滿足大家的需求，但要實行的確有難度，在能力與時間的限制下，這本飯糰書於是誕生，我將各種飯糰製作方式都紀錄下來，希望讓每個人都能容易習得飯糰的作法。

這是一本飯糰專門書，更重要的，這是一本讓你可以利用在地食材就能簡單做出飯糰的書。很多人講到飯糰都會聯想到日式飯糰，以為做飯糰就必須用日本食材才能完成，坊間大多相關書籍也是日韓翻譯書，書中某些食材取得不易，買回家後只能望書興嘆，非常可惜。台灣一樣是米食國家，四季擁有豐盛鮮美的食材，期待藉由這本飯糰書，讓大家學習如何運用雙手，利用隨時可取得的食材，捏出自己和家人都喜愛的飯糰。

飯糰小知識

什麼米適合捏飯糰？

以我個人的經驗，所有的米都可以拿來捏飯糰，重點是濕度和溫度的掌控，太乾的飯容易散開，太濕的飯捏好後太黏，口感不好。剛煮好的米飯稍微拌涼後，熱氣和濕度適中，最適合捏飯糰。如果要用隔夜飯，請先蒸過或微波，讓米飯的濕度和溫度回復即可。

以白飯來說，除非對某種米特別鍾愛，否則不用另外挑選，用一般家裡食用的白米，以平常的比例與煮法就可以了。

市面上的白米大致可簡單分為粳米（蓬萊米）和秈米（在來米），粳米外型圓短，吃起來較有黏性。秈米外型細長，口感乾鬆，粒粒分明。若擔心秈米不易捏成飯糰，可加入比平常多一點點的水量。至於五穀米和十穀米，因含其他穀類成分，容易影響飯糰的塑型，建議可以提高白米的比例，這樣塑形就沒問題了。

一定要用醋飯嗎？

很多人認為做飯糰或做壽司的飯都需要用醋飯，其實不一定，要看個人的喜好與口感。加醋也有一些好處，醋本身有健康的功效，加了醋的飯有抑菌的功能，但要注意的是，醋的味道較重，飯糰需要拌料或加其他食材時，很容易被醋影響風味。如果想要在飯糰裡加醋，可以參考以下的作法：

醋飯醬比例：※以兩杯米為例
白醋 2 大匙，糖 1 大匙，鹽 1 小匙

將上述食材放入小湯鍋內煮到糖融化，放涼後備用。米飯煮好後趁熱拌入醋飯醬，均勻拌好後靜置 15 ～ 20 分鐘，讓米飯吸收醬汁再開始捏飯糰。

捏好的飯糰可以冰起來隔天再吃嗎？

比較不建議，因為飯糰會變得乾硬不好吃。若必須隔夜，請將飯糰用保鮮膜包緊，再放入保鮮盒內，第二天取出後在平底鍋上稍微煎一下，就是可口的煎飯糰了。

如何選米？

在課堂上教學時，我常常跟學生說，菜要煮的好吃，有三個要點：第一，食材要新鮮。第二，調味料要用對。第三，烹煮（加熱）的順序很重要。煮飯也是，飯要好吃，「好好選米」和「好好煮飯」很重要。

很多人覺得日本米比較好吃，事實上，台灣的米也很棒，只是大部分的人總覺得米飯不是主角，只是拿來配菜或是讓肚子有飽足感的配角，完全忽略了它的美味。大家有機會可以試試，每次煮好飯後，好好聞一下米的香味，再將一小口米飯放在嘴裡細細咀嚼，你會發現，每一款米都有

它的特點與香氣。我自己也是開始煮飯多年後才有這些體會：越簡單的滋味其實越不簡單，越簡單的食材越需要用心品嚐。

大部分的人較喜歡、吃最多的是粳米（蓬萊米），粳米的直鏈澱粉約 15 ～ 17%，黏度適中，非常適合拿來捏飯糰，因此比較建議使用粳米。

但米的種類實在很多，該如何挑選呢？如果對米種非常不熟悉，可以先從產地選起，例如東部米，因為產地的水質和土質較讓人安心，多數人會買花東米。又或可以從熟悉的品名來挑選，例如人人都熟知的池上米、富麗米、關山米、越光米……等等。對不知道如何挑選的人來說，最好的方式就是常常換不同的米，每次換不同品牌、品種或產地，邊吃邊認識米，總會吃到最適合自己的真命天米。

近幾年來，越來越多小農用心種植不同的米種，他們在意米的生長環境、土質與水質，以有機的方式栽種更好吃的米，例如行健米、四季耕讀和雪福米等等，如果

高雄 145　　　　　夢之華

你和我一樣在意米好不好吃，可以試著向小農購買，除了周末的農夫市集，網路購物也很便利。

至於米種，以冷便當和飯糰來說，高雄145、台中 194 和夢之華都是放冷之後會更 Q 的米種，是我比較常使用的。

米的保存

米買回來後應盡量早點食用完畢，一旦打開包裝後，建議放在冰箱冷藏，以維持更好的品質。

米的種類

白米　　　　糙米　　　　胚芽米　　　　紅米

黑米　　　　糯米　　　　藜麥　　　　印度米

煮飯的方法

洗米

　　無論何種煮飯方式，第一步驟都是要先將米洗淨。

　　請依是否有雜質來判斷洗米的次數。大部分的包裝米在出廠前已做過多次整理，因此不需要清洗太「用力」，將米放入料理盆或是飯鍋內，加入比米多的水，用手輕輕地撥轉數次，再把水倒出瀝乾（如圖1-4）。

　　洗米的時候，米已經開始吸收水分，如果可以，請用過濾水或飲用水，會讓煮出來的飯更好吃喔。

鍋具與煮飯步驟

　　工欲善其事，必先利其器，建議煮飯的鍋具不要再有其他用途，單純用來煮飯就好。以下介紹各種不同鍋具的煮飯方式。

※ 此部分為純白米飯的煮飯方式。

① 電鍋

　　我很少用電鍋煮飯，幾乎沒有，主要原因是家裡沒有用電鍋煮飯的習慣，另外就是電鍋時常用來蒸其他食物，異味較多。也因為電鍋需要利用外鍋的水來蒸煮，水

分的流動，讓表面米飯的濕度改變，造成每次煮出來的飯，口感都不太好。

〖 電鍋煮飯步驟 〗

1. 米洗淨後瀝乾，倒入內鍋，加入適當水量。
2. 外鍋放入一杯水，放入內鍋，蓋上鍋蓋，壓下開關即可。

② 電子鍋

我的電子鍋只會用來煮米飯，所以在挑選電子鍋時，我唯一在意的就是米飯煮出來好不好吃。目前市面上太多強調一機多用的電子鍋，一下子可以煮飯、一下子又用來燉湯、一下子又拿來蒸或炒……，為了要配合這些功能，電子鍋的加熱效率變

得很怪又複雜，以至於煮飯只是將米煮熟，並沒有將米煮到好吃，非常可惜。

其實廚房裡的鍋具都能拿來料理其他食材，建議電子鍋只用來煮飯，況且平常料理三餐，就是一邊煮飯一邊煮菜，若用電子鍋來烹煮其他食物，那是要等飯煮好再煮菜，還是等菜煮好再煮飯呢？

〖 電子鍋煮飯步驟 〗

1. 米洗淨後瀝乾，加入適當的水量，通常米和水的比例是 1:1。
2. 蓋上鍋蓋後，選擇標準炊飯，按下開始鍵即開始煮飯。
3. 煮好後建議稍等 5 分鐘後再開蓋。

▪ 電子鍋的優點是方便、可以預約、熱功率高，米不用事先浸泡。

③ 土鍋

我有兩個專門煮飯的土鍋，不會拿來燉湯或烹煮其他與米飯無關的食物，原因是：土鍋是會呼吸的鍋具，有毛細孔，容易吸附食物的味道，如果拿來燉煮其他食物後再來煮飯，會影響飯的風味。

土鍋是我個人非常喜歡的煮飯器具，土鍋煮出來的米飯有種溫柔的感覺，無論是開蓋時最上層米粒的晶透度、香氣，還是吃在嘴裡的口感，都讓人覺得親切。

挑選土鍋時，盡量選底部面積小、高度較高，類似圓柱的土鍋，因為爐火的直徑通常較小，如果鍋底面積太大，鍋子外緣的米飯受熱不均，也會影響整鍋飯的香氣。

土鍋的開鍋方法與保養

剛買回來的土鍋用清水清洗後，裝水至八分滿，放入一把米（大約半杯的量），開小火將米湯煮滾後續煮 30 分鐘，關火後放涼靜置 4 小時，讓米水成為土鍋的保護膜，日後在烹煮的過程中較不易裂開，洗淨後即可開始使用。

土鍋有毛細孔，存放時若有太多水分容易發霉，因此每次使用完畢後，請擦乾、晾乾，或在瓦斯爐上烤乾，必須注意不要乾燒過久，使用時也不要冷熱交替，瞬間溫差過大，這樣會讓土鍋裂開、損壞。

土鍋和砂鍋有什麼不同？

土鍋和砂鍋都是陶土做的陶鍋，但土鍋成分只有陶土，砂鍋則是加了砂，砂的蓄熱功效好，因此砂鍋比較適合拿來長時間熬煮湯品和燉煮其他料理。

〖土鍋煮飯步驟〗

1. 米洗淨後瀝乾，放入土鍋內，加入適當的水量，通常米和水的比例為 1:1.1，蓋上鍋蓋，靜置 30 分鐘。
2. 瓦斯爐開火，以中火加熱，待鍋蓋上的氣孔冒出煙時，關火，靜置 20 分鐘再開蓋。

▪ 如果想要有鍋巴，可以在氣孔冒煙後繼續煮 1～2 分鐘，再關火悶 20 分鐘。

④ 鑄鐵鍋

近年來鑄鐵鍋突然流行，比起土鍋，鑄鐵鍋應該更為普及，很多人家裡大概都有，鑄鐵鍋因為鑄鐵材質與厚實鍋身，蓄熱能力很好，除了可以熬煮和燉湯，也適合拿來煮飯，是可以一鍋多用的鍋具。

用來煮飯的鑄鐵鍋建議選擇底部面積小、鍋身高度較高的湯鍋，以 2 杯米來說，直徑 18 公分的鑄鐵鍋就很適合。

鑄鐵鍋有純鑄鐵（內部為黑色）和琺瑯材質（內部為白色），比較推薦純鑄鐵材質，因為比較容易保養。

〖鑄鐵鍋煮飯步驟〗

1. 米洗淨後瀝乾，放入鑄鐵鍋內，加入適當水量，通常米和水的比例為 1:1.1，蓋上鍋蓋，靜置 30 分鐘。
2. 瓦斯爐開火，以中火加熱，待鍋緣冒出煙時，轉小火，煮 7 分鐘[註]。
3. 時間到後關火，不要開蓋，繼續悶 20 分鐘即完成。

註：此處是 2 杯米的計時方式，若 3 杯米，則鍋緣開始冒煙後以小火續煮 8～9 分鐘，4 杯米約 9～11 分鐘，以此類推。

其他煮飯注意事項：
- 剛收成的新米水分含量高，煮飯時可調整米和水的比例為 1：0.9。
- 用土鍋或鑄鐵鍋煮飯時，米要先浸泡 30 分鐘是為了讓米吸收足夠的水分，在烹煮時米心較易熟透。
- 無論何種煮飯方式，在煮或悶的過程中都不要輕易開蓋，開蓋會讓冷空氣進入，導致米飯不熟。

1

2

3

開始捏飯糰囉！

整型

捏飯糰前，一定要將雙手洗乾淨，同時，也要準備一碗乾淨的飲用水，這不是要拿來解渴的喔，而是要將雙手沾濕，方便接下來捏飯糰。很多人忽略了這個步驟，以至於怎麼捏，飯糰都會散開，因為米飯是有黏性的，手若是乾的，米飯會黏在手上，就無法捏出完整的飯糰。

另外有人以為捏飯糰時雙手要沾油，那也是錯誤的，手上有油確實可以防止米飯黏在手上，但手上的油也會導致飯糰間的米粒無法黏合，一樣沒辦法將飯糰捏好。

至於雙手要沾濕到什麼程度？只要手的表面有沾水就可以，無需太多，水分太多會讓飯糰表面糊掉，口感馬上扣分。在捏飯糰的過程中要是覺得手已經乾了，飯也開始黏在手上，隨時都可以再沾一點水。

① 圓形飯糰

〖 圓形飯糰的捏法 〗

1. 雙手沾濕。
2. 取適量米飯放在手中捏緊，將空氣擠出，把飯壓實，讓飯粒不會掉落。
3. 兩個手心拱起，將飯捏成圓形。

② 橢圓形飯糰

〖 橢圓形飯糰的捏法 〗

1. 雙手沾濕。
2. 取適量米飯放在手中捏緊，將空氣擠出，把飯壓實，讓飯粒不會掉落。
3. 將飯放在左手握好，右手的食指和中指併攏稍微彎曲，壓住飯糰。
4. 左手維持飯糰的厚度並適時的轉動，右手調整飯糰的外型，直到成為橢圓形即可。

21

③ 三角飯糰

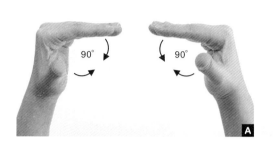

〖三角飯糰的捏法〗

　捏三角飯糰時，請注意雙手在捏的過程中，指節和掌心是呈 90 度直角，兩手的大拇指並不會特別使用到。

　捏的時候雙手朝內擠壓（圖 A），左手控制飯糰厚度，右手控制三個角的角度（圖 B）。

1.雙手沾濕。

2.取適量米飯放在手中捏緊，將空氣擠出，把飯壓實，讓飯粒不會掉落。

3.將飯糰放在左手掌心，左手稍微擠壓，就會感覺飯糰厚度變薄（圖 1）。

4.此時右手由上往下蓋住飯糰，兩手同時擠壓（圖 2），若將左手鬆開，會發現已有三角形的樣子出現（圖 3）。

5.轉動飯糰，用同樣的方式擠壓飯糰，左手控制厚度，右手控制角度，每次轉動的時候用手感覺三邊的厚度是否均等，三角的角度是否一樣（圖 4）。

6.最後將飯糰翻面，將原本碰到指節的那面翻到手心那面，可以讓厚度更均勻（圖 5-6）。

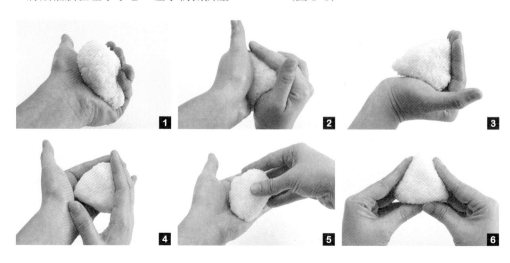

④扁圓形飯糰

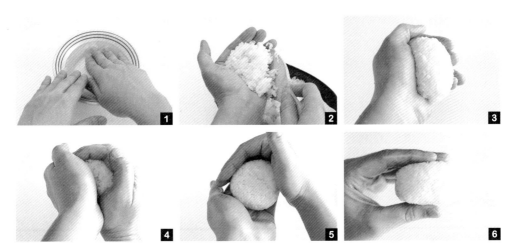

〖扁圓形飯糰的捏法〗

1.雙手沾濕（圖1）。

2.取適量米飯放在手中捏緊，將空氣擠出，把飯壓實，讓飯粒不會掉落（圖2）。

3.放在左手掌心，稍微壓一下，飯糰變扁（圖3）。

4.右手呈彎曲狀，慢慢轉動飯糰，整成扁圓形（圖4-6）。

⑤保鮮膜整型

〖保鮮膜整型的方法〗

1.取一張保鮮膜，將適量米飯放入後包起（圖1）。

2.將空氣擠出，並將飯糰捏實、捏緊（圖2）。

3.最後捏成喜歡的形狀即可（圖3）。

▪ 如果不想沾手，用保鮮膜整型是很好的方式。

沾裹

飯糰捏好後可利用米的黏度，在表面沾裹各類香鬆、海苔粉與芝麻粒。市售香鬆種類多，各大超市都有販售。

沾裹的方式如下：

只沾一半

整顆都沾

沾在周邊

撒在表面

包海苔

講到飯糰很多人會聯想到海苔，海苔的確非常適合搭配飯糰食用，還可以美化造型，但要注意的是，海苔因為製程的關係，需要保存在乾燥的環境，這也是為什麼海苔的包裝裡通常都會有很大包的乾燥劑，空氣中本來就有水氣，米飯更多，所以海苔一旦接觸空氣和米飯後一定會變軟。如果想吃到香脆的海苔，最好的方式就是要吃的時候再包上海苔。

市售海苔片有大有小，超市都能買到，建議買大片海苔回來自己裁切，用不完的海苔可裝入夾鏈袋中，再放入冰箱冷藏。

① 領帶法

用長方形的海苔片貼於飯糰的下方，像是打了領帶的感覺。

② 外套法

將長條狀的海苔置於飯糰後方，兩側沿著海苔的外形往前包，正面下方多餘的海苔可以收進底部。

③ 全包法

飯糰置於長條狀海苔的上半部，將下方海苔往上折起，順著外形將整顆飯糰包住。

④ 繞圈法

用長條海苔將整顆飯糰繞起來包住。

⑤ 腰帶法

利用細長條的海苔由飯糰的中央繞圈。

⑥ 海苔球

正方形海苔的 4 個角和 4 個邊各剪一刀，飯糰置於海苔中間，用海苔將整顆飯糰包住，再用保鮮膜包起，擠出空氣，讓海苔與飯緊密結合，去除保鮮膜後將海苔球飯糰切開，再將餡料填入。

⑦ 免捏飯糰

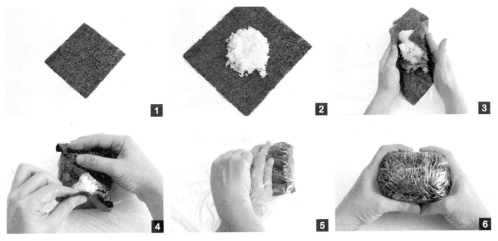

先鋪一張保鮮膜，放上一大張海苔片，轉 45 度擺放，中間鋪上白飯及餡料，像三明治一樣以兩層白飯將餡料夾在中間，海苔的 4 個角向內折起，再用保鮮膜緊緊包裹起來，建議包好後先靜置 3 ～ 5 分鐘再切開（切開前刀子可以沾點水，會比較好切，切面也會比較好看）。

模具

市面上有很多飯糰模具，大大小小各種形狀都有，
模具的好處是不沾手，做好的飯糰形狀比較整齊。

①三角飯糰模具
②圓柱型飯糰模具
③長條型飯糰模具
④短柱型飯糰模具
⑤免捏飯糰模具

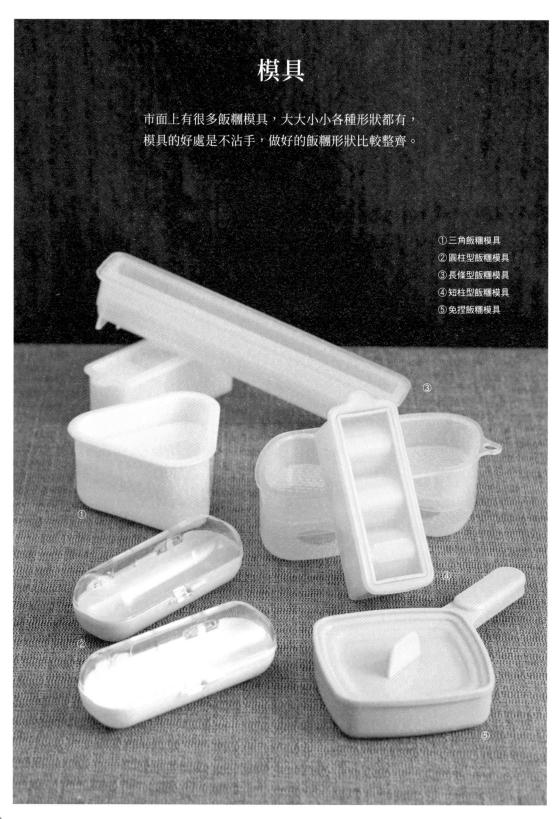

便當盒

和冷便當一樣，幾乎大部分的便當盒都適用於飯糰，
不過如果可以選擇，建議還是用較為透氣的竹製便當盒較理想。

①②⑤⑦竹編便當盒
③鐵盒便當盒
④木製便當盒
⑥塑膠便當盒

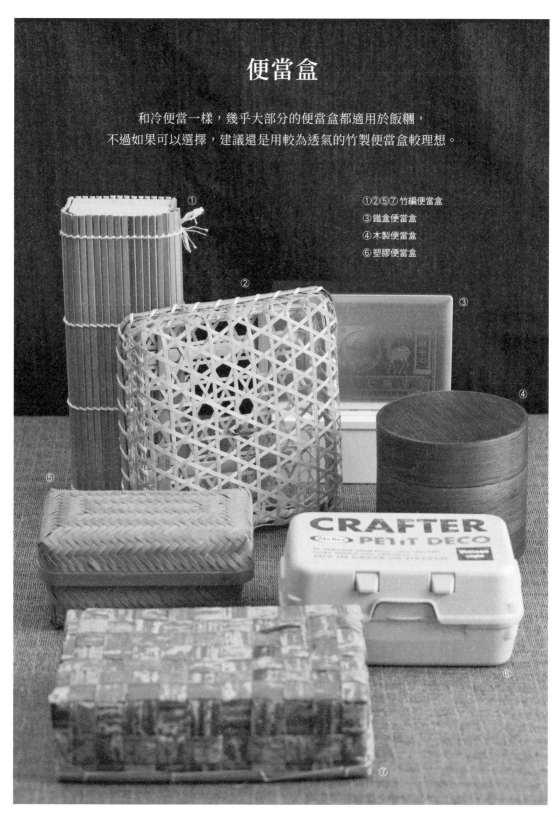

飯糰便當裝填方式示範

竹製或木製便當盒的清洗與保存較麻煩，使用烘焙紙和蠟紙將內容物和便當隔開可解決這個問題，使用過後直接將紙取出，不用清洗便當盒，有髒污的地方用濕布擦拭乾淨，就不會有潮濕和發霉的問題了。

以烘焙紙或蠟紙隔間

1. 取一張比便當盒大的烘焙紙或蠟紙。　2. 將便當擺在中心，由外向內剪四刀。　3. 剪開的部分向內摺起。

4. 再將烘焙紙放入便當盒內。　5. 依序放入飯糰。　6. 飯糰也可以用烘焙紙包起。

7. 飯糰間就不會互相沾黏。

以紫蘇葉或海苔隔間

1. 放入烘焙紙或蠟紙。

2. 飯糰可以利用紫蘇葉或海苔包起。

3. 避免互相沾黏。

4. 最後再蓋上烘焙紙或保鮮膜，防止飯糰黏在便當蓋上。

以生菜隔間

1. 生菜也是很好的隔間工具。

2. 若飯糰作法與口味差異大，隔開可以避免味道相混。

鳳梨蘋果汁
作法請參見 P134

《Chapter》

01

抹醬飯糰

番茄起司肉醬飯糰

把飯糰當吐司吃吧！做好基礎飯糰後，可以在上面抹各種抹醬，建議飯糰厚度不用太厚，抹醬盡量濃稠會比較好抹。

• 此款飯糰每顆米飯使用量大約 90 公克，一杯米約可做 3 個飯糰。

抹醬系列 recipe1

番茄起司肉醬飯糰

材料〖2個〗

白飯‧180 公克
牛番茄‧1 顆
洋蔥‧1/4 顆
牛絞肉‧100 公克
鹽‧2 小匙
黑胡椒粉‧1 小匙
番茄醬‧1 大匙
起司‧2 大匙

作法

1. 番茄和洋蔥洗淨後切丁。

2. 平底鍋加熱，加油，放入洋蔥丁翻炒，加入牛絞肉將肉炒至半熟（圖1）。

3. 再放入番茄丁拌炒（圖2），加鹽、黑胡椒粉和番茄醬調味（圖3），最後加入起司拌勻即完成（圖4、5）。

4. 將白飯均分成兩等份，捏成喜愛的形狀。

5. 將作法③的抹醬抹在作法④的飯糰上即可食用（圖6）。

飯糰日記

不吃牛肉可以改成豬絞肉。醬汁盡量收乾或是多加一點起司較容易抹上。
抹醬可以先做好冷藏，抹在飯糰後用烤箱再烤過也非常美味。

蔥蒜飯糰

材料〖2個〗

黑米飯・180公克

青蔥・1支

大蒜・1個

美乃滋・2大匙

麵包粉・2大匙

鹽・1小匙

作法

1. 青蔥和大蒜切細末，放入碗中。

2. 將美乃滋、麵包粉、鹽加入作法①拌勻即為蔥蒜醬。

3. 將黑米飯均分成兩等份，捏成喜愛的形狀。

4. 將作法②的蔥蒜醬均勻抹在作法③的飯糰上。

5. 烤盤抹油，放上抹好蔥蒜醬的飯糰，送入已預熱的烤箱，以230度烤6～10分鐘或烤至表面金黃即完成。

飯糰日記

黑米和紫米外型相似，購買時要仔細詳閱包裝說明。黑米為黑秈糙米，富含花青素，具有抗氧化、抗老化功效；紫米為黑糯糙米，口感黏、難消化，易導致血糖快速上升。

抹醬系列 recipe3

肉醬飯糰

材料 〖2個〗

白飯·180 公克
肉醬罐頭·1/2 罐
青蔥·1 支

作法

1. 青蔥切細末，放入碗中，再倒入肉醬混拌。

2. 將白飯均分成兩等份，捏成喜愛的形狀。

3. 將作法①拌好的肉醬抹在作法②的飯糰上，可直接食用或送入烤箱，烤到香氣濃郁即可。

Tips · ❶市售肉醬有辣和不辣等不同口味，購買時請注意。
❷除了肉醬，茄汁鯖魚罐頭也可以和青蔥拌在一起成為另一款抹醬。

飯糰日記

若是突然要在短時間內做出一道料理，現成的肉醬罐頭是很好的選擇，而且市售的肉醬罐頭口味眾多，還可以挑選喜愛的口味做變化。

花椰菜飯糰

材料 〖2個〗

黑米飯·180 公克

白花椰菜·2 小朵

紅蘿蔔·20 公克

A
美乃滋·1 大匙
鹽·1 小匙
芥末醬·1 小匙

作法

1. 花椰菜取前端切細末（圖 1、2）。

2. 紅蘿蔔切丁放入小碗中，和作法①的花椰菜末及 [**A**] 拌勻。

3. 將黑米飯均分成兩等份，再捏成喜愛的形狀。

4. 將作法②的抹醬抹在作法③的飯糰上，送入已預熱的烤箱，以 230 度烤 6 ～ 8 分鐘或烤到表面金黃即可。

花椰菜取前端部分即可。

飯糰日記

可用綠花椰菜或是綠、白花椰菜混合，顏色會更漂亮。芥末醬可以用黃芥末醬，或是山葵芥末醬，些許的嗆辣味和美乃滋也很搭。

鮪魚酪梨飯糰

材料 〚2個〛

藜麥飯 · 180 公克

酪梨 · 1/4 顆

鮪魚罐頭 · 30 公克

鹽 · 少許

黑胡椒粉 · 少許

作法

1. 鮪魚罐頭打開後取適量，將油水擠乾備用。

2. 酪梨切薄片。

3. 將藜麥飯均分成兩等份，捏成喜愛的形狀。

4. 在作法③的飯糰上鋪上酪梨片，再鋪上鮪魚。

5. 最後撒上鹽和黑胡椒粉即完成。

飯糰日記

如果酪梨太熟不好切，可以將酪梨和鮪魚拌勻，調味後直接抹在飯糰上。鮪魚罐頭若是已有鹹味，可以不用再加鹽。

花生堅果飯糰

材料〖2個〗

紅白米飯 · 180 公克

花生醬 · 2 大匙

綜合堅果 · 少許

作法

1. 綜合堅果放入塑膠袋內，用重物敲碎備用。

2. 將紅白米飯先拌勻後再均分成兩等份，捏成喜愛的形狀。

3. 將花生醬抹在作法②的飯糰上，再撒上作法①的堅果就完成了。

Tips · 此款飯糰用的是紅米和白米，比例為白米 3：紅米 1。

飯糰日記

除了花生醬，香濃的芝麻醬也適用於此款飯糰。堅果可用綜合堅果，或是依個人喜好選用。香蕉與花生醬也很搭，不能食用堅果者可用香蕉切片代替。

抹醬系列 recipe7

蘋果奇異果飯糰

材料〖2個〗

白飯‧180 公克
蘋果‧1/4 顆
鹽水‧適量
奇異果‧1/2 顆
蜂蜜‧1 大匙

作法

1. 蘋果洗淨後切薄片，泡鹽水備用。

2. 奇異果削皮後切片。

3. 將白飯均分成兩等份，捏成喜愛的形狀。

4. 在作法③的飯糰上依序鋪上蘋果片和奇異果片。

5. 最後淋上蜂蜜即完成。

水果類的飯糰可以依季節變化或是個人喜好互相搭配，如果沒有新鮮水果，
果醬也是很好的選擇喔。

西生菜蛋花湯
作法請參見 P134

皇帝豆炒豆干飯糰

〖Chapter〗

02

拌料飯糰

要拌進飯糰的食材可以先料理好，等飯煮好稍微翻拌降溫後，再加入拌勻就可以開始捏飯糰了。製作此款飯糰須注意，拌進去的食材不可太濕、太油、太多，否則會影響飯的黏度，無法成形。

▪ 此款飯糰每顆米飯使用量大約 80 公克，一杯米約可做 3 個飯糰。

拌料系列 recipe1

皇帝豆炒豆干飯糰

材料〖2個〗

白飯・160 公克
皇帝豆・30 公克
豆干・2 片
鹽・1 小匙
白胡椒粉・適量

作法

1. 豆干切成小丁，平底鍋加熱，加油，將豆干放入煎到
   表面金黃（圖1）。

2. 加入皇帝豆拌炒（圖2），加鹽和白胡椒粉調味，取
   出放涼備用。

3. 將白飯和作法②放入大碗中（圖3，若希望味道重一
   點，可在此時再加適量的鹽），拌勻後分成兩等份，
   分別捏成飯糰即完成（圖4、5）。

Tips・皇帝豆不需要先燙過，直接下鍋煎到表面變色即可。皇帝豆可用其他
豆類代替，如毛豆、豌豆仁。

飯糰日記

嘗試新的拌料食材時，初次餡料請加少一點，感受一下食材與飯的結合度，
再決定是否要增量。如果擔心做好後還是會散開，可以利用海苔包覆幫助維
持形狀。（海苔的包法請參見 P27。）

蝦仁甜豆飯糰 ▶

材料〖2個〗

白飯・160 公克
蝦仁・30 公克
甜豆仁・20 公克
鹽・1 小匙

作法

1. 將甜豆仁放入加了鹽（分量外）的滾水中汆燙，約 30 秒後取出冰鎮，再瀝乾備用。

2. 用同一鍋，將洗淨後的蝦仁放入燙熟，取出瀝乾備用。

3. 將白飯、甜豆仁、蝦仁和鹽放入大碗中拌勻，再分成兩等份，分別捏成飯糰即完成。

飯糰日記　蝦仁也可以先加鹽和白胡椒粉醃一下，再用平底鍋煎熟。

拌料系列 recipe3

櫻花蝦飯糰

材料 〖2個〗

白飯・160 公克
櫻花蝦・20 公克
蒜末・1 小匙
蔥花・1 大匙
鹽・1 小匙

作法

1. 平底鍋加熱，加油，爆香蒜末，放入櫻花蝦炒到表面鮮紅，取出備用。

2. 將作法①的櫻花蝦、白飯、蔥花和鹽放入大碗中拌勻，再分成兩等份，分別捏成飯糰即完成。

櫻花蝦可以在超市買櫻花蝦乾來製作，一樣炒到變色和炒出香味即可加入飯裡捏成飯糰。

火腿菜飯飯糰

材料〖2個〗

白飯·160 公克
小松菜·50 公克
火腿片·2 片
鹽·1 小匙
白胡椒粉·1 小匙

作法

1. 將小松菜放入加了鹽（分量外）的滾水中氽燙 10 秒，取出後冰鎮，用乾淨的手將水擠乾（圖 1），切成小段（圖 2）。

2. 火腿片切成小丁（圖 3）。

3. 將白飯、小松菜、火腿丁、白胡椒粉和鹽放入大碗中拌勻（圖 4），再分成兩等份，分別捏成飯糰即完成（圖 5）。

飯糰日記

小松菜可用其他葉菜類代替，例如油菜或青江菜等。火腿若無法直接食用，請先在平底鍋稍微煎過即可。

小魚花生飯糰

材料 〖2個〗

白飯‧160 公克

魩仔魚‧30 公克

花生‧15 公克

醬油‧1/2 大匙

糖‧1 小匙

辣椒‧1 根

白胡椒粉‧1 小匙

作法

1. 平底鍋加熱，加油，油熱了之後放入魩仔魚煎到表面酥脆。

2. 再將花生、醬油、糖、白胡椒粉放入作法①中炒勻，最後加入切絲的辣椒拌炒，取出放涼備用。

3. 將白飯和作法②放入大碗中拌均，再分成兩等份，分別捏成飯糰即完成。

Tips‧辣椒可加可不加，如果怕太辣，可將辣椒籽去除再切成小丁。

魩仔魚放入平底鍋時先不要急著翻炒，待表面金黃後再翻動，炒好的小魚花生盡量攤平在盤子上，讓熱氣揮發，這樣吃起來會更酥脆，也比較好捏飯糰。魩仔魚已有鹹味，所以此款飯糰不需再加鹽調味。

拌料系列 recipe6

芽菜鮭魚飯糰

材料 〖2個〗

白飯‧160 公克

鮭魚‧40 公克

鹽‧1 小匙

白胡椒粉‧1 小匙

芽菜‧10 公克

作法

1. 鮭魚表面均勻抹上鹽和白胡椒粉，靜置 10 分鐘。

2. 平底鍋加熱，將鮭魚表面用廚房紙巾擦乾後輕輕放入，煎到表面金黃後翻面再煎到熟。

3. 鮭魚放涼後用乾淨的雙手去除鮭魚刺，再剝成小塊。

4. 將白飯、作法③的鮭魚和芽菜，及適量的鹽、白胡椒粉放入大碗中拌勻，再分成兩等份，分別捏成飯糰即完成。

飯糰日記

芽菜指的是豆類、種子類食物發芽後的可食用狀態。芽菜中有豐富的酵素、植化素等多種營養成分，但生食時最好以飲用水清洗，並且注意料理過程要乾淨衛生。

蛋鬆金針花飯糰

材料〖2個〗

白飯・160 公克
蛋・1 顆
鹽・1 小匙
金針花・2 朵

作法

1. 金針花洗淨後用加了鹽（分量外）的滾水汆燙 10 秒，
取出後冰鎮瀝乾備用。

2. 蛋打散，平底鍋加熱，加油，將蛋液倒入，用筷子來
回撥動蛋液，煎成蛋鬆。

3. 將白飯、作法②的蛋鬆、鹽放入大碗中拌勻，再分成
兩等份，分別捏成飯糰。

4. 再將作法①的金針花壓在飯糰表面即完成。

飯糰日記

如果沒有新鮮金針花，也可以用乾燥金針花取代，一樣用熱水燙 10 秒，取出
後將水分擠乾即可。金針花也可以切小段，和蛋、飯拌在一起捏成飯糰。

拌料系列 recipe8

烤甜不辣飯糰

材料〖2個〗

白飯・160 公克
甜不辣・1 片
鹽・1 小匙

作法

1. 將甜不辣放在烤網上,烤到表面焦黃後取出放涼,再切成小塊備用。

2. 將白飯、作法①的甜不辣、鹽放入大碗中拌勻,再分成兩等份,分別捏成飯糰即完成。

飯糰日記

如果沒有烤網,可用烤箱代替,以 180 度烤 5 分鐘,或是在放在平底鍋上煎也可以。

03

煎飯糰

利用油煎的效果達到烤的口感。
大部分的飯糰都可以油煎，平底鍋加熱後，加一點芝麻油，
將飯糰表面煎到酥脆就會非常美味。

▪ 此款飯糰因作法不同，米飯使用量也不一樣。

〔香蕉堅果牛奶〕
作法請參見 P135

〔海鮮米漢堡飯糰〕

煎系列 recipe1

海鮮米漢堡飯糰

材料〖1份〗

白飯・150 公克
蝦仁・20 公克
透抽・20 公克

A
中筋麵粉・1 大匙
太白粉・1/2 大匙
蛋・1/2 顆
鹽・1 小匙
白胡椒粉・1 小匙

生菜・1 片

B
番茄醬・2 大匙
美乃滋・1 大匙
糖・1 小匙
鹽・1 小匙

作法

1. 取兩個圓形烤盅（一大一小），在大的烤盅內鋪上一層保鮮膜，放入白飯用保鮮膜包起（圖1），再用小的圓形烤盅緊壓白飯（圖2），成為餅狀，共做 2 個（圖3）。

2. 平底鍋加熱，加油，將作法①的米餅放入煎（圖4）到表面金黃後取出放涼備用。

3. 將［A］放入料理盆拌勻，再將蝦仁和透抽洗淨切塊，放入一起拌勻（圖5）。

4. 平底鍋加熱，加油，將作法③煎成圓餅狀（圖6），煎熟後取出備用。

5. 依序在米餅上擺生菜、作法④的海鮮餅，再淋上混合好的［B］（圖7），最後再疊上米餅即可（圖8）。

Tips・❶米餅可以用圓形或是方形的器具壓，重點是一定要壓緊，製作好之後才不會散開。❷壓好後的米餅可以用保鮮膜包好放入冷凍庫（可保存 2 星期），需要時再取出退冰，煎好即可食用。

飯糰日記

米餅用油煎過後可以讓餅的結構更結實、不易散開，也會較香。也可用玉子燒鍋製作米餅，請參考《一起帶・冷便當》P79「燒肉米漢堡」作法。

醬油薑黃飯糰

材料〖2個〗

白飯・180 公克
薑黃粉・1/2 大匙
醬油・1 大匙

作法

1. 將白飯放入大碗中，撒入薑黃粉拌勻，再分成兩等份，捏成飯糰。

2. 平底鍋加熱，加一點油，將作法①的飯糰放入。

3. 用刷子在飯糰上刷上醬油數次，讓醬油吸附在飯糰上（圖1）。

4. 翻面後另一面也刷上醬油數次，將兩面煎到焦香就完成了（圖2）。

飯糰日記

若擔心薑黃粉太苦，可以用咖哩粉取代，或是不加，白飯糰直接刷醬油煎也非常好吃。可在醬油裡再加 1 小匙糖增加風味，烤好後可以在表面撒上七味粉、海苔粉或白芝麻。

煎系列 recipe3

味噌飯糰

材料〖2個〗

白飯‧180 公克

A
| 味噌‧1 大匙 |
| 醬油‧1 小匙 |
| 糖‧1 小匙 |
| 米酒‧少許 |

海苔片‧2 片

作法

1. 將［A］調勻備用。

2. 將白飯分成兩等份，捏成飯糰，表面用刷子刷上作法 ①的味噌醬。

3. 平底鍋加熱，轉小火，放一張烘焙紙，將抹好味噌醬 的飯糰面朝下（圖1），放入鍋中直接煎，煎至表面金 黃（圖2），再包上海苔即可。

 飯糰日記

味噌醬因為黏稠，直接放在平底鍋煎容易焦黑，可在鍋中墊一張烘焙紙，用 烘焙紙還有一個好處是，料理完不需要洗鍋子。

煎系列 recipe4

玉子燒飯糰 ▶

材料〖1份〗

紅米飯・80 公克

蛋・2 顆

A
| 糖・1 小匙
| 鹽・1 小匙
| 高湯・2 小匙

海苔・3 片（剪成長條狀）

作法

1. 蛋打散，加〔A〕拌勻。

2. 玉子燒鍋加熱，加油，將飯放入，用矽膠鏟壓緊壓平（圖 1），煎 3 分鐘左右。

3. 將飯對折，一樣壓實，順便將飯調整成完整的方形（圖 2）。

4. 在玉子燒鍋另一邊倒入作法①的蛋液（圖 3），用做玉子燒的作法將飯包裹蛋液，重複幾次（圖 4、5、6），直到蛋液用完，煎好後取出放涼再切開（圖 7）。

5. 包上海苔即完成（圖 8）。

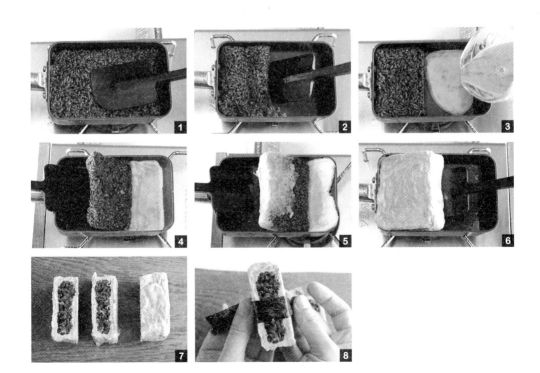

清冰箱飯糰 ▶

材料 〖2個〗

隔夜飯‧150 公克

絞肉‧50 公克

紅蘿蔔‧1/4 根

青江菜‧1 朵

鴻禧菇‧數株

大蒜‧5 片

蛋‧1 顆

鹽‧2 小匙

白胡椒粉‧1 小匙

作法

1. 紅蘿蔔削皮切絲，大蒜、青江菜切碎，鴻禧菇剝成小株。

2. 將隔夜飯放入調理盆內，加上絞肉、蛋、作法①的所有材料、鹽及白胡椒粉拌勻（圖1），靜置 10 分鐘，讓蛋液被飯充分吸收。

3. 取適量作法②捏成扁圓形。（如果食材太濕無法捏成形，可以加入 1 大匙麵粉幫助塑形）。

4. 平底鍋加熱，加油，油熱了之後將捏好的作法③輕輕放入煎（圖2）。

5. 兩面各煎 4 ～ 5 分鐘即完成（圖3）。

這個飯糰是利用冰箱剩餘食材加上隔夜飯製作而成，聽起來也許隨便，但其實營養好吃，解決了媽媽怕浪費的煩惱，成品也很受小孩喜愛。食譜內的青菜可隨意更換，有時包水餃剩餘的餡料也能加飯一起做成這道煎飯糰喔。

牛肉飯糰

材料〖2個〗

白飯・150 公克

牛絞肉・50 公克

A
醬油・1 小匙
鹽・1 小匙
伍斯特醬・1 小匙
黑胡椒粉・1 小匙

海苔粉・少許

作法

1. 將白飯、牛絞肉放入大碗中,加入〔A〕拌勻,再分成兩等份,捏成兩個飯糰。

2. 平底鍋加熱,加油,油熱了之後將作法①的飯糰放入,再轉中小火。

3. 兩面各煎 5 ～ 7 分鐘,盛起後再撒上海苔粉即完成。

Tips・牛絞肉油脂較多,煎的時候平底鍋內不用放太多油。

 伍斯特醬即為梅林醬,在牛排館常見,有些超市有販售,或是上網搜尋也能買到。不過因為此款飯糰分量少,也可以不加伍斯特醬。

煎系列 recipe7

煎起司飯糰

材料 〖2個〗

白飯‧180 公克

起司‧2 片

作法

1. 將白飯分成兩等份，捏成兩個飯糰，在飯糰表面鋪上起司片。

2. 平底鍋加熱，放上一張烘焙紙，鍋子熱了之後轉小火。

3. 將作法①蓋上起司那面的飯糰朝下放入，煎到起司融化有點焦就完成了。

起司遇熱後會軟化，所以建議在鍋底鋪上烘焙紙（參見 P57「味噌飯糰」），再放上起司飯糰，這樣起司就不會沾黏在鍋底。

虎豆肉片湯
作法請參見 P135

蔥爆干貝飯糰

〖Chapter〗

04 包餡飯糰

將米飯在掌心攤平，中間放入內餡後包起，捏成喜歡的形狀即完成。
如果餡料多，所需白飯也會較多，做出來的飯糰分量較大。

▪ 此款飯糰每顆米飯使用量大約 100 公克。拍攝此款飯糰時為了清楚呈現內餡，因此用模具製作。

包餡系列 recipe1

蔥爆干貝飯糰

材料〖2個〗

白飯‧200 公克

冷凍干貝‧100 公克

蒜末‧1/2 大匙

青蔥‧2 根

辣椒‧1 根

A
醬油‧1/2 大匙
米酒‧1/2 大匙
糖‧1/2 大匙

海苔片‧2 片

作法

1. 干貝退冰後將水分瀝乾或用廚房紙巾吸乾。

2. 青蔥切末，蔥白和蔥綠分開。辣椒對切去籽後切末。

3. 平底鍋加熱，加油，先放入蔥白和蒜末爆香，再加入作法①的干貝，將干貝煎熟（圖1）。

4. 在作法③淋入［A］拌炒，慢慢收汁，起鍋前放入蔥綠和辣椒拌勻即完成（圖2）。

5. 將白飯分成兩等份，每一份先取 2/3 放在掌心，稍微壓平後在中間放入作法④的蔥爆干貝（圖3），再取另外 1/3 白飯蓋上，捏成飯糰，最後貼上海苔片即完成（圖4）。

6. 也可以用模具製作，依序放入飯、內餡和飯，如三明治般夾起、壓緊（見圖 5 ～ 8）。

飯糰日記

一般超市有賣小顆的冷凍干貝，或是用文蛤取代干貝。

咖哩肉末飯糰

材料〖2個〗

白飯 · 200 公克
豬絞肉 · 60 公克
蒜末 · 1 小匙
馬鈴薯 · 30 公克
甜豆仁 · 20 公克

A
　醬油 · 1/2 大匙
　糖 · 1 小匙
　咖哩粉 · 1/2 大匙

海苔片 · 2 片

作法

1. 馬鈴薯切小丁。

2. 起油鍋，爆香蒜末，放入絞肉炒到半熟。

3. 在作法②中加入馬鈴薯丁和甜豆仁後繼續將肉炒到全熟。

4. 最後加入［A］炒勻後取出備用。

5. 將白飯分成兩等份，每一份先取 2/3 放在掌心，稍微壓平後在中間放入作法④的餡料，再取另外 1/3 白飯蓋上，捏成飯糰，最後貼上海苔片即完成。

飯糰日記

沒有咖哩粉可以用市售咖哩塊代替，只要將咖哩塊壓碎即可。

包餡系列 recipe3

酸菜花生粉飯糰

材料 〖2個〗

白飯·200 公克

花生粉·1 大匙

酸菜·60 公克

薑末·1 小匙

醬油膏·1/2 大匙

二砂糖·1/2 大匙

海苔片·2 片

作法

1. 酸菜泡水 10 分鐘,撈起瀝乾後切絲。

2. 起油鍋,爆香薑末,放入作法①的酸菜、二砂糖和醬油膏一起拌炒,炒勻後取出,加入花生粉拌勻備用。

3. 將白飯分成兩等份,每一份先取 2/3 放在掌心,稍微壓平後在中間放入作法②的餡料, 再取另外 1/3 白飯蓋上,捏成飯糰,最後貼上海苔片即完成。

飯糰日記

酸菜因購買地點或廠牌不同,泡水的時間也會有異,請注意不要泡太久,否則會沒味道。花生粉請用不加糖的純花生粉。

蛋鬆、肉鬆、鮭魚鬆飯糰

蛋鬆飯糰

材料〖2個〗

白飯‧200公克
蛋‧1顆
鹽‧1小匙
糖‧1小匙
海苔片‧2片

作法

1. 將蛋打在碗裡，加入鹽、糖打勻。

2. 平底鍋加熱，加油，將蛋液倒入，用筷子來回撥動蛋液，煎成蛋鬆即可。

3. 將白飯分成兩等份，每一份先取2/3放在掌心，稍微壓平後在中間放入作法②的餡料，再取另外1/3白飯蓋上，捏成飯糰，最後貼上海苔片即完成。

肉鬆飯糰

材料 〖2個〗

白飯‧200 公克
肉鬆‧1 大匙
美乃滋‧1 大匙
海苔片‧2 片

作法

1. 將肉鬆和美乃滋加在一起拌勻。

2. 將白飯分成兩等份，每一份先取 2/3 放在掌心，稍微壓平後在中間放入作法①的餡料， 再取另外 1/3 白飯蓋上，捏成飯糰，最後貼上海苔片即完成。

鮭魚鬆飯糰

材料 〖2個〗

白飯‧200 公克
鮭魚‧40 公克
鹽‧1 小匙
白胡椒粉‧1 小匙
海苔片‧2 片

作法

1. 鮭魚表面抹上鹽和白胡椒粉後靜置 10 分鐘。

2. 平底鍋加熱，將鮭魚表面用廚房紙巾擦乾後放入煎到熟。

3. 鮭魚放涼後用乾淨的雙手將鮭魚剝成小塊並去除魚刺。

4. 將白飯分成兩等份，每一份先取 2/3 放在掌心，稍微壓平後在中間放入作法③的餡料， 再取另外 1/3 白飯蓋上，捏成飯糰，最後貼上海苔片即完成。

Tips‧去除魚刺時要仔細，以免不小心吃到魚刺。

飯糰日記

鮭魚本身富含油脂，所以不必加油即可下鍋煎。
煎鮭魚時會有很多油脂產生，可以將油倒出或用廚房紙巾吸乾。

雪裡紅飯糰

材料〖2個〗

白飯‧200 公克
雪裡紅‧60 公克
辣椒‧適量
薑末‧1 小匙
蒜末‧1 小匙
糖‧1/2 大匙
醬油膏‧1/2 大匙
海苔片‧2 片

作法

1. 雪裡紅洗淨後將水擠乾,切小段。辣椒去籽後切末。

2. 起油鍋,爆香蒜末和薑末,再放入作法①的雪裡紅和辣椒拌炒。

3. 在作法②中加入醬油膏和糖調味,炒勻即完成。

4. 將白飯分成兩等份,每一份先取 2/3 放在掌心,稍微壓平後在中間放入作法③的餡料, 再取另外 1/3 白飯蓋上,捏成飯糰,最後貼上海苔片即完成。

飯糰日記

若想要讓餡料更豐富,可以再加入切丁的豆干或肉末一起拌炒,也非常好吃。

包餡系列 recipe8

鮪魚沙拉飯糰

材料〖2個〗

白飯‧200 公克
鮪魚罐頭‧40 公克
酸黃瓜‧20 公克
美乃滋‧20 公克
黑胡椒粉‧適量
海苔片‧2 片

作法

1. 將鮪魚從罐頭中取出，盡量將油分或水分瀝乾。

2. 酸黃瓜切小丁。

3. 將鮪魚、酸黃瓜、美乃滋和黑胡椒粉放入大碗中拌勻即可。

4. 將白飯分成兩等份，每一份先取 2/3 放在掌心，稍微壓平後在中間放入作法③的餡料，再取另外 1/3 白飯蓋上，捏成飯糰，最後貼上海苔片即完成。

鮪魚可以用龍蝦取代，就是豪華版的龍蝦沙拉飯糰囉！

包餡系列 recipe9

打拋豬飯糰 ▶

材料〖2個〗

白飯‧200 公克

豬絞肉‧80 公克

番茄‧50 公克

蒜末‧1 大匙

九層塔‧少許

A
| 醬油‧1/2 大匙
| 糖‧1 小匙
| 檸檬汁‧1 小匙
| 魚露‧1 小匙

海苔片‧2 片

作法

1. 番茄切小丁。

2. 起油鍋，爆香蒜末，放入豬絞肉炒至半熟，加入作法①的番茄及［A］拌炒，將肉炒熟，接著用中小火慢慢收汁。

3. 起鍋前放入九層塔炒勻即完成。

4. 將白飯分成兩等份，每一份先取 2/3 放在掌心，稍微壓平後在中間放入作法③的餡料，再取另外 1/3 白飯蓋上，捏成飯糰，最後貼上海苔片即完成。

飯糰日記

醬汁太多會讓飯糰不好捏，因此在做有醬汁的餡料時，可將醬汁收乾一點，會比較好捏成型。

包餡系列 recipe10

芋頭肉末飯糰

材料〖2個〗

白飯‧200 公克
芋頭‧40 公克
豬絞肉‧80 公克
油蔥酥‧5 公克

A
醬油‧1/2 大匙
米酒‧1/2 大匙
糖‧1 小匙

蔥花‧1 大匙
海苔片‧2 片

作法

1. 芋頭切小丁。

2. 平底鍋加熱，加油，將作法①的芋頭放入煎到表面金黃後取出備用。

3. 用作法②的鍋子，再放入絞肉拌炒，加入〔A〕和油蔥酥後將肉炒到熟，再加入作法②一起拌炒，起鍋前撒入蔥花拌勻即可。

4. 將白飯分成兩等份，每一份先取 2/3 放在掌心，稍微壓平後在中間放入作法③的餡料，再取另外 1/3 白飯蓋上，捏成飯糰，最後貼上海苔片即完成。

芋頭已切成小丁，所以只要在平底鍋上煎到表面金黃即可，不需先煮過。

包餡系列 recipe11&12

肉燥飯糰、滷蛋飯糰

材料〚2個〛

白飯‧200 公克
五花肉‧100 公克
豬絞肉‧200 公克
蒜頭‧2 瓣
青蔥‧1 根

A
| 醬油膏‧40ml
| 醬油‧40ml
| 米酒‧200ml
| 冰糖‧1 大匙
| 白胡椒粉‧適量

油蔥酥‧1 大匙
八角‧1/2 顆
水煮蛋‧2 顆
海苔片‧2 片

作法

1. 五花肉切細條狀或切丁，青蔥切段。

2. 鍋子加熱，放入作法①的五花肉煎到表面金黃，加入蒜頭和蔥段拌炒，炒香後再放入絞肉一起拌炒。

3. 在作法②中加入〔A〕，醬汁剛好淹過肉就好，再加入油蔥酥和八角，放入水煮蛋，用小火滾煮 30 分鐘。

肉燥飯糰

a. 取出適量煮好的肉燥，盡量將湯汁瀝乾。

b. 將白飯分成兩等份，每一份先取 2/3 放在掌心，稍微壓平後在中間放入〔a〕餡料，再取另外 1/3 白飯蓋上，捏成飯糰，最後貼上海苔片即完成。

滷蛋飯糰

c. 鋪上保鮮膜，在保鮮膜上放入另一份白飯，攤平，中間放入對半切的滷蛋，再將保鮮膜包起，捏成三角形，最後貼上海苔片即完成。

飯糰日記

為了方便烹煮，此處製作的肉燥分量較多，剩餘的部分可以當配料食用，或多備一些白飯製作飯糰。

05 捲飯糰

將飯糰捏成各種形狀,再用食材將其包覆,做出風味各異的捲飯糰。

▪ 此款飯糰每顆米飯使用量大約 80〜90 公克,一杯米約可做 3 個飯糰。

小松菜拌豆腐
作法請參見 P135

牛肉捲飯糰

捲系列 recipe1

牛肉捲飯糰 ▶

材料〖2個〗

白飯・180 公克
牛雪花火鍋肉片・2 片

A
| 醬油・1 大匙
| 米酒・1 大匙
| 糖・1/2 大匙

作法

1. 將白飯分成兩等份,各捏成橢圓形飯糰。

2. 牛雪花肉片鋪平,放上捏好的飯糰(圖1),將飯糰包起,包好後用手稍微用力捏一下,讓肉把飯包得更密合(圖2、3)。

3. 平底鍋加熱,加一點油,將肉片最後接合處先放下煎(圖4),慢慢輕輕地翻動,讓每一面都煎熟。

4. 倒入醬汁〔A〕(圖5),讓肉片慢慢收汁。

飯糰日記

建議可以先將包好的肉捲飯糰放入冰箱 10 ～ 30 分鐘,或是表面撒一點麵粉,這樣肉在煎的時候比較不會散開。

捲系列 recipe2

高麗菜捲飯糰

材料〖2個〗

白飯·180 公克
高麗菜葉·2 片
起司條·2 條
紅蘿蔔丁·1 大匙
鹽·1 小匙
蘋果醋·1 小匙

作法

1. 紅蘿蔔丁汆燙後拌入白飯裡，加鹽和蘋果醋調味拌勻，再分成兩等份。

2. 取一份作法①在手掌上壓平，放入起司條（圖 1），再包起，捏成橢圓形（圖 2）。

3. 高麗菜葉洗淨後用加了鹽（分量外）的滾水汆燙 1 分鐘，取出後冰鎮瀝乾。

4. 將高麗菜葉鋪平，切除較硬的梗（圖 3），將作法②的飯糰放上（圖 4），由下方向上包起，再將左右兩邊折進來（圖 5），將飯糰由下向上捲起包好（圖 6），最後用牙籤固定（圖 7）。

5. 平底鍋加熱、加油，將菜捲飯糰放入鍋內煎，煎到表面金黃即完成（圖 8）。

飯糰日記

起司也可以切成小塊和飯拌在一起。

生菜捲飯糰

材料〖2個〗

白飯・180公克
科學麵・1包
生菜・2片

作法

1. 科學麵打開後將調味粉加入壓碎混拌。

2. 白飯放入料理盆內,加入半包作法①的科學麵拌勻。

3. 將作法②分成兩等份,各自捏成圓形或橢圓形。

4. 將作法③用生菜包起即完成。

生菜可使用萵苣類蔬菜,葉子較大較好包。科學麵也可用可樂果或洋芋片取代。

捲系列 recipe4

燻鮭魚捲飯糰

材料 〖2個〗

白飯‧180 公克
燻鮭魚‧2 片
紫蘇葉‧1 片
糖‧1/2 小匙
蘋果醋‧1 小匙

作法

1. 紫蘇葉洗淨擦乾後切成細絲。

2. 將白飯放人大碗內，趁熱加入糖、蘋果醋拌勻，靜置 10 分鐘。

3. 待飯變涼後加入作法①的紫蘇葉絲拌勻，再分成兩等份。

4. 取一份作法③，捏成橢圓形飯糰。

5. 取一片燻鮭魚，將作法④的飯糰包覆捲起即完成。

紫蘇葉若不易購買，可用蔥或香菜代替。蘋果醋也可用一般白醋代替。

五花肉捲飯糰

材料〖2個〗

白飯‧180 公克
蒜末‧1 大匙
五花肉片（長）‧4 條

A
醬油‧1/2 大匙
米酒‧1/2 大匙
糖‧1/2 大匙

作法

1. 平底鍋加熱、加油，將蒜末炒香後取出（圖 1）。

2. 將白飯放入大碗內，加入炒好的作法①蒜末拌勻（圖 2），再分成兩等份，捏成 2 個正方體的飯糰（圖 3）。

3. 取兩條五花肉片，垂直放好，將飯糰放在正中間（圖 4），再用肉片將飯糰包起（圖 5、6）。

4. 平底鍋加熱，直接將包好的飯糰放入煎熟，最後淋上［**A**］，慢慢收汁即完成（圖 7）。

飯糰日記

若買不到夠長的五花肉片，可將短的肉片交疊接起，一樣可將飯糰包起。

06 海苔球飯糰

用海苔包覆可以讓飯糰更緊實，不用擔心米飯散開，
從中切開後還能夾各種食材，是手毬飯糰的變化版！

- 此款飯糰每顆米飯使用量大約 90 公克，一杯米約可做 3 個飯糰。
- 飯糰直徑大約 5 公分，包裹的海苔片約 12 公分正方。
- 因海苔球較小，內餡使用的食材盡量切成小塊或不要使用太多。

金針排骨湯
作法請參見 P136

炸蝦飯糰

海苔球系列 recipe1

炸蝦飯糰

材料 〖2個〗

白飯‧180 公克

海苔片（12 公分正方）‧2 片

草蝦‧2 尾

鹽‧1 小匙

白胡椒粉‧1 小匙

麵粉‧1 大匙

蛋液‧1 大匙

麵包粉‧1 大匙

海苔粉‧適量

作法

1. 草蝦去殼不去尾，表面撒鹽和白胡椒粉靜置 5 分鐘，再依序沾裹麵粉、蛋液、麵包粉（圖 1）。

2. 鍋子加熱，加入適量的油，放入作法①的蝦子，炸約 3 分鐘後取出備用（圖 2）。

3. 海苔四邊用剪刀剪斷（請參見 P29）。

4. 將白飯分成兩等份，捏成圓球狀（圖 3），放在海苔正中間，包起（圖 4），用保鮮膜將整顆飯糰包好，靜置 3～5 分鐘，讓海苔與飯糰充分黏合。

5. 將海苔球由中間切開（圖 5），夾入炸好的蝦子（圖 6），上面撒一點白胡椒、鹽和海苔粉即完成。

Tips‧包裹海苔片的詳細步驟請參見 P29。

飯糰日記

如果沒有時間或不想吃炸的蝦子，也可以改用煎的方式，只要在蝦子表面輕撒鹽和白胡椒粉，在平底鍋煎到熟即可。

海苔球系列 recipe2

培根玉米飯糰

材料 〖2個〗

白飯・180 公克
海苔片（12 公分正方）・2 片
培根・80 公克
生玉米粒・50 公克
鹽・1 小匙
黑胡椒粉・少許

作法

1. 培根切小丁。

2. 平底鍋加熱，放入作法①的培根煎到表面金黃，再加入玉米粒、鹽、黑胡椒粉拌炒均勻。

3. 海苔四邊用剪刀剪斷（請參見 P29）。

4. 將白飯分成兩等份，捏成圓球狀，放在海苔正中間，包起，用保鮮膜將整顆飯糰包好，靜置 3 ～ 5 分鐘，讓海苔與飯糰充分黏合。

5. 將海苔球由中間切開，夾入適量的作法②即完成。

飯糰日記

在傳統市場購買生玉米時可以請攤商幫忙削粒，若要回家自己削，請先將玉米切半，再直立在砧板上用刀子削粒。沒有使用完的玉米粒可放冷凍保存。

海苔球系列 recipe3

奶油南瓜飯糰

材料 〖2個〗

白飯‧180 公克

海苔片（12 公分正方）‧2 片

奶油‧15 公克

南瓜‧80 公克

鹽‧1 小匙

起司粉‧1 小匙

海苔粉‧適量

作法

1. 南瓜洗淨後切小丁。

2. 平底鍋加熱，放入奶油融化，再放入作法①的南瓜丁，煎到表面金黃。

3. 在作法②加入鹽和起司粉拌炒均勻。

4. 海苔四邊用剪刀剪斷（請參見 P29）。

5. 將白飯分成兩等份，捏成圓球狀，放在海苔正中間，包起，用保鮮膜將整顆飯糰包好，靜置 3 ～ 5 分鐘，讓海苔與飯糰充分黏合。

6. 將海苔球由中間切開，夾入適量的作法③，再撒上海苔粉即完成。

飯糰日記

南瓜可以用地瓜或芋頭取代，台灣的地瓜和芋頭又香又好吃，可用以上同樣的方式來製作。

蛋包雞胸肉飯糰

材料〖2個〗

白飯‧180 公克

海苔片（12 公分正方）‧2 片

蛋‧1 顆

雞胸肉‧50 公克

鹽‧少許

白胡椒粉‧少許

蔥花‧1/2 大匙

紅蘿蔔丁‧1/2 大匙

麵粉‧少許

作法

1. 雞胸肉切薄片，撒上鹽和白胡椒粉後靜置 5 ～ 10 分鐘。

2. 蛋打散，加入蔥花、紅蘿蔔丁及 1 小匙鹽拌勻。

3. 平底鍋加熱，加油，將作法①的雞胸肉表面沾裹薄薄一層麵粉，再沾附作法②的蛋液，放入平底鍋煎熟。

4. 海苔四邊用剪刀剪斷（請參見 p29）。

5. 將白飯分成兩等份，捏成圓球狀，放在海苔正中間，包起，用保鮮膜將整顆飯糰包好，靜置 3 ～ 5 分鐘，讓海苔與飯糰充分黏合。

6. 將海苔球由中間切開，夾入一片作法③即完成。

飯糰日記

蛋液包裹雞胸肉後再煎，可以鎖住肉汁，如此一來肉就不會乾硬，口感會更好。

海苔球系列 recipe5

蛋香腸飯糰

材料〖2個〗

白飯・180 公克
海苔片（12 公分正方）・2 片
小香腸・2 條
蛋・1 顆

作法

1. 香腸煎熟或蒸熟備用。

2. 蛋打勻，平底鍋加熱，加油，將蛋液倒入，用筷子來回撥動蛋液，炒成蛋鬆。

3. 海苔四邊用剪刀剪斷（請參見 P29）。

4. 將白飯分成兩等份，捏成圓球狀，放在海苔正中間，包起，用保鮮膜將整顆飯糰包好，靜置 3 ～ 5 分鐘，讓海苔與飯糰充分黏合。

5. 將海苔球由中間切開，夾入 1 條香腸和適量的蛋鬆即完成。

飯糰日記

把小香腸換成德式香腸，馬上變成西式早午餐。是的，飯糰也能拿來當早餐喔！

海苔球系列 recipe6

鹽酥雞飯糰

材料 〖2個〗

白飯・180 公克

海苔片（12 公分正方）・2 片

雞腿肉・100 公克

A

蒜末・1 小匙
薑末・1 小匙
醬油・1 大匙
糖・1 小匙
白胡椒粉・1 小匙

地瓜粉・1 大匙

九層塔・20 公克

作法

1. 雞腿肉切小塊。

2. 將［A］放入大碗中，再放入作法①的雞肉醃 10 分鐘，醃好後，將雞肉表面均勻沾裹地瓜粉。

3. 平底鍋加熱，倒入油，油量比平常炒菜多一些，油熱了之後放入作法②的雞肉，以半煎炸的方式將肉煎熟，起鍋前放入九層塔炸一下即可取出。

4. 海苔四邊用剪刀剪斷（請參見 P29）。

5. 將白飯分成兩等份，捏成圓球狀，放在海苔正中間，包起，用保鮮膜將整顆飯糰包好，靜置 3 ～ 5 分鐘，讓海苔與飯糰充分黏合。

6. 將海苔球由中間切開，夾入作法③的雞肉與九層塔即完成。

飯糰日記

鹽酥雞的美味讓人難以抗拒，如果自己炸，就可以吃得安心又健康！

海苔球系列 recipe7

糖醋魚飯糰

材料 〖2個〗

白飯‧180 公克
海苔片（12 公分正方）‧2 片
鹽‧少許
白胡椒粉‧少許
鯛魚片‧100 公克

A
| 水‧1/2 大匙 |
| 番茄醬‧1 大匙 |
| 白醋‧1 大匙 |
| 糖‧2 小匙 |
| 鹽‧1 小匙 |

麵粉‧1 大匙
小黃瓜‧1/4 根

作法

1. 將鯛魚片切小片，表面撒少許鹽和白胡椒粉靜置 5 分鐘，再用麵粉均勻沾裹魚片。

2. 平底鍋加熱，加油，油熱了之後將作法①的魚片放入煎熟，取出備用。

3. 將［A］放入小鍋中，用小火將醬汁煮勻，再放入作法②的魚片均勻吸附醬汁。

4. 小黃瓜切薄片。

5. 海苔四邊用剪刀剪斷（請參見 P29）。

6. 將白飯分成兩等份，捏成圓球狀，放在海苔正中間，包起，用保鮮膜將整顆飯糰包好，靜置 3 ～ 5 分鐘，讓海苔與飯糰充分黏合。

7. 將海苔球由中間切開，夾入作法③的魚片與作法④的小黃瓜片即完成。

飯糰日記

小黃瓜洗淨後直接使用，不需燙過或醃過，搭配味道濃郁的糖醋魚，味道清爽又開胃。

菜脯油條飯糰

材料〖2個〗

白飯‧180 公克

海苔片（12 公分正方）‧2 片

菜脯‧40 公克

油條‧1/2 條

辣椒‧適量

醬油‧1/2 大匙

糖‧1 小匙

作法

1. 菜脯切丁，油條切碎。

2. 平底鍋加熱，加油，放入作法①的菜脯炒香，再加入油條、辣椒、醬油和糖炒勻。

3. 海苔四邊用剪刀剪斷（請參見 P29）。

4. 將白飯分成兩等份，捏成圓球狀，放在海苔正中間，包起，用保鮮膜將整顆飯糰包好，靜置 3 ～ 5 分鐘，讓海苔與飯糰充分黏合。

5. 將海苔球由中間切開，夾入適量的作法②即完成。

飯糰日記

不喜歡辣味，可以不加辣椒。喜歡酥脆口感的，可以將油條切碎後再放入烤箱稍微烤一下。

海苔球系列 recipe9

小魚豆干飯糰

材料 〖2個〗

白飯‧180 公克

海苔片（12 公分正方）‧2 片

魩仔魚‧40 公克

豆干‧2 片

鹽‧2 小匙

白胡椒粉‧1 小匙

蔥花‧1 大匙

作法

1. 豆干切薄片。

2. 平底鍋加熱，加油，放入魩仔魚煎到表面金黃後取出。

3. 用煎魩仔魚的同一鍋，放入作法①的豆干，煎到表面金黃後再放入作法②的魩仔魚，撒入鹽和白胡椒粉拌勻，起鍋前加入蔥花炒勻。

4. 海苔四邊用剪刀剪斷（請參見 P29）。

5. 將白飯分成兩等份，捏成圓球狀，放在海苔正中間，包起，用保鮮膜將整顆飯糰包好，靜置 3～5 分鐘，讓海苔與飯糰充分黏合。

6. 將海苔球由中間切開，夾入適量的作法③即完成。

魩仔魚因為體型小，放入平底鍋煎的時候請不要過於拌炒，讓兩面煎到金黃酥脆即可。

海苔球系列 recipe10

黑胡椒牛肉飯糰

材料〖2個〗

白飯‧180 公克

海苔片（12 公分正方）‧2 片

洋蔥‧1/4 顆

牛肉片‧100 公克

A　黑胡椒粉‧10 公克
　　醬油膏‧1 大匙
　　糖‧1 小匙

奶油‧10 公克

作法

1. 洋蔥切細絲，牛肉片切小片。

2. 再將［A］置於大碗中調勻，放入作法①的牛肉片均勻抓醃。

3. 平底鍋加熱，加油，加入作法①的洋蔥拌炒，放入作法②的醃牛肉，炒到肉熟，起鍋前放入奶油炒勻。

4. 海苔四邊用剪刀剪斷（請參見 P29）。

5. 將白飯分成兩等份，捏成圓球狀，放在海苔正中間，包起，用保鮮膜將整顆飯糰包好，靜置 3 ～ 5 分鐘，讓海苔與飯糰充分黏合。

6. 將海苔球由中間切開，夾入適量的作法③即完成。

黑胡椒粉有辣度，請依各人喜好調整分量，亦可使用市售黑胡椒醬。

海苔球系列 recipe11

金沙皮蛋飯糰

材料〖2個〗

白飯．180 公克

海苔片（12 公分正方）．2 片

皮蛋．1 顆

鹹蛋．1 顆

二砂糖．1 小匙

作法

1. 鹹蛋去殼後將蛋白和蛋黃分別切碎。

2. 皮蛋去殼後切小塊。

3. 平底鍋加熱，加油，放入作法①的鹹蛋蛋黃煎到乳化（起泡），再加入糖和作法②的皮蛋拌炒，最後加入鹹蛋蛋白炒勻，取出備用。

4. 海苔四邊用剪刀剪斷（請參見 P29）。

5. 將白飯分成兩等份，捏成圓球狀，放在海苔正中間，包起，用保鮮膜將整顆飯糰包好，靜置 3 ～ 5 分鐘，讓海苔與飯糰充分黏合。

6. 將海苔球由中間切開，夾入適量的作法③即完成。

飯糰日記

鹹蛋本身鹹度已夠，不需再加鹽或醬油調味。

蟹肉棒甜豆飯糰

材料〖2個〗

白飯・180 公克

海苔片（12 公分正方）・2 片

蟹肉棒・2 條

甜豆仁・40 公克

A
美奶滋・1 大匙
芥末醬・1 小匙
鹽・1/2 小匙

作法

1. 將甜豆仁放入加鹽（分量外）的滾水中汆燙 30 秒，取出後冰鎮瀝乾。

2. 蟹肉棒用熱水燙 20 秒，取出後撥成細絲。

3. 將［A］放入大碗中調勻，再加入作法①的甜豆仁和作法②的蟹肉棒拌勻。

4. 海苔四邊用剪刀剪斷（請參見 P29）。

5. 將白飯分成兩等份，捏成圓球狀，放在海苔正中間，包起，用保鮮膜將整顆飯糰包好，靜置 3 ～ 5 分鐘，讓海苔與飯糰充分黏合。

6. 將海苔球由中間切開，夾入適量的作法③即完成。

飯糰日記

甜豆仁價格較高，如果用量不多，可以買甜豆回來自己撥開取仁，或是將甜豆燙過後切細絲，一樣可以和蟹肉棒拌在一起。

海苔球系列 recipe13

酸豇豆肉末飯糰

材料 〖2個〗

白飯・180 公克

海苔片（12 公分正方）・2 片

酸豇豆・40 公克

豬絞肉・80 公克

蒜末・1 小匙

醬油・1 大匙

二砂糖・1 小匙

作法

1. 酸豇豆泡水 20～30 分鐘，泡好後撈起瀝乾，切成小丁。

2. 平底鍋加熱，加油，油熱了之後放入豬絞肉和蒜末拌炒。

3. 在作法②中加入切好的作法①、醬油和糖調味，再將肉炒熟。

4. 海苔四邊用剪刀剪斷（請參見 P29）。

5. 將白飯分成兩等份，捏成圓球狀，放在海苔正中間，包起，用保鮮膜將整顆飯糰包好，靜置 3～5 分鐘，讓海苔與飯糰充分黏合。

6. 將海苔球由中間切開，夾入適量的作法③即完成。

酸豇豆肉末是非常下飯的菜色，如果不怕辣，加點辣椒會更棒。

醬煮南瓜
作法請參見 P136

〔Chapter〕

07

手毬飯糰

可愛的球形飯糰總是讓人眼睛為之一亮。

• 此款飯糰每顆米飯使用量大約 80 公克，一杯米約可做 3 個飯糰。

蛋包飯糰

手毬系列 recipe1

蛋包飯糰

材料〖2個〗

白飯‧160 公克
洋蔥‧1/4 顆
火腿片‧1 片
番茄醬‧1 大匙
鹽‧1 小匙
蛋‧1 顆

作法

1. 洋蔥切丁，火腿片切丁。

2. 平底鍋加熱，加油，放入洋蔥炒香，加入火腿拌炒（圖1），放入白飯、鹽，最後放入番茄醬炒勻（圖2），取出備用。

3. 蛋打勻，平底鍋加熱，加油，將蛋液淋入鍋中，形成蛋皮（圖3），轉小火，將蛋皮煎熟後取出備用。

4. 將作法②的番茄飯捏成圓球形（圖4），再用做法③的蛋皮將飯包起即完成（圖5、6）。

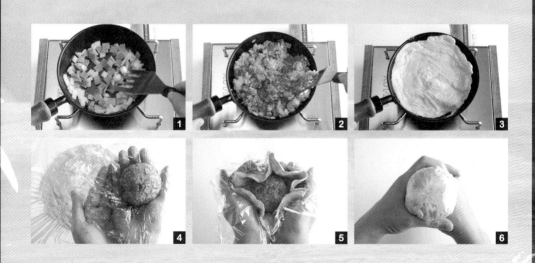

飯糰日記

蛋皮不要太厚會比較好包。使用保鮮膜塑形時盡量將空氣擠出，飯糰包起來會比較完整好看。此款飯糰做成圓餅形也相當適合。

手毬系列 recipe2

小黃瓜飯糰

材料 〖2個〗

白飯・160 公克

小黃瓜・1/2 條

鹽・1/2 小匙

糖・1/2 大匙

醋・1/2 大匙

作法

1. 小黃瓜洗淨後切薄片，放入料理盒內，加入鹽、糖和醋，蓋上盒蓋後上下搖晃，讓調味料與小黃瓜混合均勻，靜置 10 分鐘。

2. 將白飯分成兩等份，捏成小球狀。

3. 取一張保鮮膜，攤平在桌上，取作法①的小黃瓜 6 ～ 7 片，在保鮮膜上交疊排成花的圖案（圖 1），再放上作法②的米球（圖 2），用保鮮膜將全部的食材包起（圖 3）。

4. 固定 5 分鐘後再打開即完成。

手毬系列 recipe3

櫻桃蘿蔔飯糰

材料〔2個〕

白飯・160 公克
櫻桃蘿蔔・4 顆
鹽・1 小匙
糖・1/2 大匙
醋・1/2 大匙

作法

1. 櫻桃蘿蔔洗淨後切薄片，放入料理盒內，撒入鹽，拌勻後靜置 20 分鐘。

2. 將櫻桃蘿蔔用飲用水沖洗，把表面鹽分洗掉，再將水分擠乾，放入料理盒內。

3. 在作法②裡加入糖和醋，蓋上盒蓋後上下搖晃，讓調味料與櫻桃蘿蔔混合均勻，靜置 10 分鐘。

4. 將白飯分成兩等份，捏成小球狀。

5. 取一張保鮮膜，攤平在桌上，取作法③的櫻桃蘿蔔6～7片，在保鮮膜上交疊排成花的圖案，再放上作法④的米球，用保鮮膜將全部的食材包起。

6. 固定 5 分鐘後再打開即完成。

小黃瓜飯糰和櫻桃蘿蔔飯糰也可以用其他蔬菜代替，如紅蘿蔔，切成薄片一樣可以做出可愛圖案。

蛋絲飯糰

材料 〖2個〗

白飯・160 公克
蛋・1 顆
紫蘇葉・1 片
鹽・1/2 小匙
糖・1/2 小匙
蘋果醋・2 小匙

作法

1. 將白飯放入大碗中，撒入鹽、糖和蘋果醋後拌勻，分成兩等份，捏成兩個小球。

2. 蛋打勻，平底鍋加熱，加油，淋上薄薄一層蛋液，轉小火，讓蛋煎熟，輕輕取出蛋皮，放涼後將蛋皮捲起，切成細絲。

3. 紫蘇葉也捲起，切絲。

4. 將作法②的蛋絲放在捏好的飯糰上，再加上紫蘇葉絲即完成。

飯糰日記

建議將蛋絲切細一點，感覺會比較清爽。

手毬系列 recipe5

生火腿飯糰

材料〖2個〗

白飯·160 公克

黑胡椒粉·1 小匙

糖·1 小匙

生火腿片·2 片

起司粉·適量

作法

1. 將白飯放入大碗中，撒入黑胡椒粉和糖後拌勻，再分成兩等份，捏成兩個小球。

2. 用生火腿片將作法①的飯糰包起。

3. 在作法②上面撒上起司粉即完成。

生火腿如果鹹味很重，飯就不需再加鹽調味。

〖Chapter〗

08 炊飯飯糰

加入食材、調味料與米飯一起烹煮，
讓整鍋飯的滋味豐富了起來，一顆飯糰，營養滿點。

▪ 此款飯糰以小家庭基本米飯量 2 杯為單位，每次約可捏 6 ～ 8 個飯糰。
▪ 此單元可依自己的喜好選擇煮飯方式，煮飯方式請參見 P14。

雞肉皇帝豆湯
作法請參見 P136

烤魚炊飯飯糰

炊飯系列 recipe1

烤魚炊飯飯糰 ▶

材料〖6～8個〗

米・2杯
鯖魚片・1片
鹽・適量
昆布（5公分正方）・1片

A
醬油・1/3杯
味醂・1/3杯
水・1又1/3杯

作法

1. 米洗淨後泡水30分鐘（圖1）。

2. 鯖魚表面抹鹽，放入烤箱烤熟，或用平底鍋煎熟。

3. 將泡好的米瀝乾，放入土鍋內，加入［**A**］（圖2），放上昆布（圖3），再放上烤好的鯖魚（圖4），蓋上鍋蓋。

4. 轉中火加熱，煮到鍋蓋的氣孔冒出煙時（約17～20分鐘），關火，不要開蓋，繼續悶20分鐘即完成（圖5）。

5. 開蓋後將鯖魚和昆布取出，鯖魚切小塊（圖6），飯拌勻降溫，取適量的炊飯和鯖魚捏成飯糰即完成（圖7、8）。

飯糰日記

大部分的魚類都能用在此款炊飯，但建議先烤過或煎過，除了比較沒有腥味，也會多了煎烤的香氣。

昆布文蛤炊飯飯糰

材料〖6～8個〗

米·2杯
昆布（約3×7公分）·2片
熟文蛤·120公克
鹽·2小匙
昆布水·2又1/5杯
（不足請用水取代）

作法

1. 米洗淨後泡水30分鐘。

2. 小鍋中放入約400ml的水，再放入昆布泡30分鐘，昆布撈起後切成絲。昆布水留下備用。

3. 將泡好的米瀝乾，放入飯鍋中，鋪上文蛤和作法②的昆布，撒鹽，加昆布水，蓋上鍋蓋，煮飯。

4. 飯煮好後，將飯拌勻降溫，取適量的炊飯捏成飯糰即完成。

熟文蛤可在超市購賣，如果是生的，請先蒸熟或煮熟，再把肉取下即可。如果買不到文蛤，只用昆布也可以。

炊飯系列 recipe3

竹筍炊飯飯糰

材料〖6～8個〗

米‧2 杯

竹筍‧100 公克

乾香菇‧3 朵

紅蘿蔔‧1/3 根

醬油‧1/2 杯

香菇水‧1 又 1/2 杯

（不足請用水取代）

作法

1. 米洗淨後泡水 30 分鐘。

2. 將竹筍放入湯鍋內，加水蓋過竹筍，撒一把米（約 30 公克），蓋上鍋蓋，開火將水煮滾，之後轉小火滾煮 20 ～ 30 分鐘，煮好後取出，用冷水沖涼，竹筍剝皮並切小塊。

3. 紅蘿蔔削皮切小丁，乾香菇泡水 20 分鐘，泡好後將香菇切絲，香菇水留下備用。

4. 將泡好的米瀝乾，放入飯鍋中，鋪上作法②的竹筍丁、作法③的香菇絲和紅蘿蔔丁，再加入醬油、香菇水，蓋上鍋蓋，煮飯。

5. 飯煮好後，將飯拌勻降溫，取適量的炊飯捏成飯糰即完成。

每年六月是綠竹筍的產季，可趁機多食用鮮美的竹筍，綠竹筍要挑選底寬、腰彎，並沒有出青的才會好吃。煮竹筍時加入一小把米是為了去除苦味。

地瓜、玉米、毛豆炊飯飯糰

地瓜炊飯飯糰

材料〖6～8個〗

米・2杯
地瓜・60公克
鹽・2小匙

作法

1. 米洗淨後泡水30分鐘。

2. 地瓜洗淨削皮後切塊。

3. 將泡好的米瀝乾，放入飯鍋中，鋪上地瓜，撒上鹽，加水，蓋上鍋蓋，煮飯。

4. 飯煮好後，將飯拌勻降溫，取適量的飯捏成飯糰即完成。

玉米炊飯飯糰

材料〖6～8個〗

米・2杯
生玉米粒・60公克
鹽・2小匙

作法

1. 米洗淨後泡水30分鐘。

2. 將泡好的米瀝乾，放入飯鍋中，鋪上生玉米粒，撒上鹽，加水，蓋上鍋蓋，煮飯。

3. 飯煮好後，將飯拌勻降溫，取適量的飯捏成飯糰即完成。

毛豆炊飯飯糰

材料〖6～8個〗

米・2杯
毛豆・60公克
鹽・2小匙

作法

1. 米洗淨後泡水30分鐘。

2. 毛豆洗淨。

3. 將泡好的米瀝乾，放入飯鍋中，鋪上毛豆，撒上鹽，加水，蓋上鍋蓋，煮飯。

4. 飯煮好後，將飯拌勻降溫，取適量的飯捏成飯糰即完成。

飯糰日記

1.如果希望飯糰裡的地瓜形狀完整，可以在飯剛煮好時，先取出地瓜，把飯拌涼之後再加入地瓜開始捏。2.若沒有生玉米粒也可以用玉米粒罐頭取代。3.以上三款炊飯煮好後可趁熱加入一小塊奶油拌勻，增添香氣。

魩仔魚炊飯飯糰

材料〖6～8個〗

米・2杯
魩仔魚・100公克
紅蘿蔔・120公克
鹽・1小匙

作法

1. 米洗淨後泡水30分鐘。

2. 紅蘿蔔削皮切小丁。

3. 平底鍋加油，加熱，油熱了之後放入魩仔魚，不要急著翻面，將魚兩面煎成金黃，取出備用。

4. 將泡好的米瀝乾，放入飯鍋中，鋪上作法②的紅蘿蔔丁和作法③的魩仔魚，撒鹽、加水，蓋上鍋蓋，煮飯。

5. 飯煮好後，將飯拌勻降溫，取適量的飯捏成飯糰即完成。

無論何種炊飯，都可以用高湯代替煮飯的水，以增加飯的營養與香氣。高湯的作法在《一起帶・冷便當》書中有詳細的解說。

炊飯系列 recipe8

牛肉炊飯飯糰

材料 〖6～8個〗

米‧2 杯
牛雪花肉片（火鍋肉片）‧
150 公克
昆布‧1 大片
紅蘿蔔‧1/2 根
牛蒡‧1 條
醬油‧1/3 杯
味醂‧1/3 杯
昆布水‧1 又 1/3 杯

作法

1. 米洗淨後泡水 30 分鐘。

2. 昆布泡水 30 分鐘後切細絲，昆布水留下備用。

3. 紅蘿蔔和牛蒡切細絲，牛蒡絲再泡水 5 分鐘。

4. 將洗好的米瀝乾，放入飯鍋中，鋪上作法③的紅蘿蔔絲、牛蒡絲、作法②的昆布絲和牛肉片，加入醬油、味醂，昆布水，蓋上鍋蓋，煮飯。

5. 飯煮好後，將飯拌勻降溫，取適量的飯捏成飯糰即完成。

牛肉片也可以用豬肉片取代，建議用雪花薄肉片。

臘味炊飯飯糰

材料〖6～8個〗

米・2杯
臘腸・4條
鹽・1小匙
醬油・1小匙
糖・1小匙

作法

1. 米洗淨後泡 30 分鐘。

2. 臘腸切薄片。

3. 將泡好的米瀝乾，放入鑄鐵鍋中，加 2 又 1/5 杯水，鋪上作法②的臘腸（圖 1），撒鹽、糖和醬油，蓋上鍋蓋，煮飯。

4. 開中火加熱，鍋緣開始冒煙後轉小火，再煮 7 分鐘，關火後再悶 20 分鐘即可開蓋。

5. 飯煮好後，將飯拌勻降溫，取適量的飯捏成飯糰即完成。

1 Tips・鑄鐵鍋煮飯方式請參見 P19。

炊飯系列 recipe10

玉米雞胸肉炊飯飯糰

材料 〖6～8個〗

黑米·2杯

生玉米粒·80公克

雞胸肉·150公克

鹽·3小匙

白胡椒粉·1小匙

作法

1. 米洗淨後泡水30分鐘。

2. 雞胸肉切小丁,撒1小匙鹽和白胡椒粉靜置10分鐘。

3. 平底鍋加熱,加油,油熱了之後放入作法②的雞丁,煎到表面變白色,取出備用。

4. 將泡好的米瀝乾,放入飯鍋中,鋪上玉米粒和作法③的雞丁,撒鹽、加水,蓋上鍋蓋,煮飯。

5. 飯煮好後,將飯拌勻降溫,取適量的飯捏成飯糰即完成。

飯糰日記

雞胸肉先煎可以增加香氣,也可以不煎直接放入炊煮。

櫻花蝦蓮子炊飯飯糰

材料〖6〜8個〗

米・2 杯
蓮子・150 公克
櫻花蝦乾・20 公克
鹽・2 小匙

作法

1. 米洗淨後放入飯鍋中，加入 2 又 1/5 杯水，泡 30 分鐘。
2. 蓮子洗淨後瀝乾。
3. 在作法①的米上均勻撒鹽，再鋪上作法②的蓮子和櫻花蝦乾，蓋上鍋蓋，煮飯。
4. 飯煮好後，將飯拌勻降溫，取適量的飯捏成飯糰即完成。

飯糰日記

櫻花蝦乾在超市都能買到，如果要使用新鮮的櫻花蝦，請先在平底鍋上煎到變色，把香味煎出來，再和飯一起煮即可。

炊飯系列 recipe12

油飯飯糰 ▶

材料 〖6～8個〗

長糯米・2 杯
乾香菇・20 公克
蝦米・20 公克
肉絲・50 公克

A
　醬油・1/2 大匙
　米酒・1/2 大匙
　白胡椒粉・1 小匙

黑麻油・1 大匙
醬油・1/3 杯
香菇水・1/3 杯
蝦米水・1/3 杯

作法

1. 長糯米洗淨後泡水 3 小時，瀝乾。

2. 香菇和蝦米分別泡水 30 分鐘。泡好後將香菇切絲，香菇水和蝦米水留下備用。

3. 將肉絲和［A］放入料理碗中，抓勻後靜置 10 分鐘。

4. 炒鍋加熱，轉中火，放入 1 大匙食用油和 1 大匙黑麻油，放入作法②的香菇和蝦米炒香，再加入作法③的肉絲炒到表面變色。

5. 將作法④的所有食材炒勻後放入飯鍋內，再加入作法①的糯米，加入 1/3 杯醬油、1/3 杯香菇水和 1/3 杯蝦米水，另外再加 1 又 2/5 杯水，蓋上鍋蓋，煮飯。

6. 飯煮好後，將飯拌勻降溫，取適量的飯捏成飯糰即完成。

飯糰日記

糯米需要浸泡較長的時間，炊煮之後米心才會熟透。如果沒有時間也可用一般的米來製作，浸泡時間只需 30 分鐘。

09 免捏飯糰

因為可以將內餡完整包覆，因此很多食材都能運用到這款免捏飯糰裡，無論是台式、西式或是混搭，都很對味！就像是把一個便當包起來的感覺。
要注意的是不要用水分過多、過濕的食材。

‧此款飯糰每顆米飯使用量大約 120 公克（上下層各 60 公克）。
‧飯糰建議做成長方形，可以將長條狀的食物，如蘆筍、四季豆、小黃瓜擺好後包起對切就不會切錯方向。

番茄鴻禧菇湯
作法請參見 P137

滷排骨免捏飯糰

免捏系列 recipe1

滷排骨免捏飯糰

材料〖1個〗

白飯・120 公克

海苔（18×20 公分）・1 片

薑片・3 片

蔥・1 根

辣椒・1/2 根

A
醬油・80ml
醬油膏・80ml
米酒・200ml
冰糖・1/2 大匙

里肌豬排・100 公克

B
醬油・1/2 大匙
米酒・1/2 大匙
白胡椒粉・1 小匙

地瓜粉・1 大匙

酸菜・50 公克

薑末・1 小匙

二砂糖・1 小匙

醬油膏・1/2 大匙

作法

1. 酸菜泡水 10 分鐘後取出切細絲，平底鍋加熱，加油，薑末先爆香，放入酸菜絲拌炒，再加入糖和醬油膏炒勻後取出備用。

2. 將薑片、蔥、辣椒放入湯鍋爆香，再加入 [A]，滾了之後轉小火滾煮，備用。

3. 將里肌豬排斷筋，再稍微拍打，放入料理盆內，加入 [B] 抓醃，靜置 10 分鐘。

4. 取出作法③的豬排，表面撒上地瓜粉，用油鍋煎熟，煎好後直接放入作法②的滷汁裡，以小火滾煮10～20分鐘（圖1）。

5. 先鋪一張保鮮膜，再放上一張大海苔，取適量白飯放在海苔正中央，再放上作法①的酸菜及作法④的滷排骨，最後再鋪上一層白飯（圖2、3）。

6. 用海苔將飯糰包起，包成長方形（圖4），再用保鮮膜將整個飯糰緊密包好（圖5），靜置 3 分鐘後再從中間對切即完成（圖6）。

Tips・包海苔的詳細步驟請參見 P29。

免捏系列 recipe2

三杯雞免捏飯糰 ▶

材料 〖1個〗

白飯 · 120 公克

海苔（18×20 公分）· 1 片

黑麻油 · 1 大匙

去骨雞腿排 · 100 公克

薑片 · 3 片

蒜片 · 5 片

A | 醬油 · 1 大匙
  | 米酒 · 1 大匙
  | 冰糖 · 1 大匙

九層塔 20 公克

作法

1. 去骨雞腿排切塊，並去除多餘油脂。

2. 平底鍋加熱，加入黑麻油，轉中小火，放入薑片煸香，加入大蒜炒香。

3. 將作法①的雞腿排放入作法②的鍋中，煎到表面變色，倒入［A］，讓雞肉均勻吸附醬汁，直到湯汁濃稠，起鍋前放入九層塔拌勻。

4. 先鋪一張保鮮膜，再放上一張大海苔，取適量白飯放在海苔正中央，再放上作法③的三杯雞，最後再鋪上一層白飯。

5. 用海苔將飯糰包起，包成長方形，再用保鮮膜將整個飯糰緊密包好，靜置 5 分鐘後再從中間對切即完成。

免捏系列 recipe3

照燒雞腿排免捏飯糰

材料〖1個〗

白飯・120 公克

海苔（18×20 公分）・1 片

去骨雞腿排・100 公克

A
醬油・1 大匙
米酒・1 大匙
味醂・1/2 大匙
糖・1/2 大匙

白胡椒粉・適量

蘆筍・5 根

作法

1. 蘆筍洗淨後削皮，用加鹽（分量外）的滾水汆燙 20 秒後撈起冰鎮，瀝乾備用。

2. 將〔A〕混合均勻，再放入去骨雞腿排醃 10 分鐘。

3. 平底鍋加熱，將作法②的雞腿排皮面朝下放入煎，再倒入所有醬汁，轉小火，慢慢將雞腿排煎熟。

4. 先鋪一張保鮮膜，再放上一張大海苔，取適量白飯放在海苔正中央，依序放上作法①的蘆筍、作法③的雞腿排及鍋中的照燒醬，最後再鋪上一層白飯。

5. 用海苔將飯糰包起，包成長方形，再用保鮮膜將整個飯糰緊密包好，靜置 5 分鐘後再從中間對切即完成。

免捏系列 recipe4

味噌叉燒免捏飯糰

材料 〖1個〗

白飯．120 公克
海苔（18×20 公分）．1 片
豬肩梅花肉．200 公克

A
蒜片．3 片
味噌．1 大匙
醬油．1/2 大匙
米酒．1/2 大匙
糖．1/2 大匙

甜豆．50 公克

作法

1. 將［A］放入夾鏈袋中拌勻，再放入整塊梅花肉，擠出空氣密合夾鏈袋，讓醬汁均勻包裹肉，放入冰箱冷藏 1 天。

2. 取出醃好的作法①，平底鍋加熱，加一點油，將整塊肉放入，煎到每面都金黃。

3. 將煎過的肉和醬汁一同放入烤盤，用鋁箔紙蓋好，送入已預熱的烤箱，以 220 度烤 30 分鐘，烤好後取出，稍微放涼再切片。

4. 甜豆用加了鹽（分量外）的滾水汆燙 30 秒，撈起後馬上冰鎮瀝乾。

5. 先鋪一張保鮮膜，再放上一張大海苔，取適量白飯放在海苔正中央，依序放上作法③的叉燒肉片和作法④的甜豆，最後再鋪上一層白飯。

6. 用海苔將飯糰包起，包成長方形，再用保鮮膜將整個飯糰緊密包好，靜置 5 分鐘後再從中間對切即完成。

免捏系列 recipe5

鳳梨蝦球免捏飯糰

材料 〖1個〗

白飯・120 公克

海苔（18×20 公分）・1 片

蝦仁・60 公克

鳳梨・60 公克

生菜・1 片

鹽・1 小匙

白胡椒粉・1 小匙

地瓜粉・1 大匙

美奶滋・1 大匙

檸檬汁・5ml

作法

1. 鳳梨切小塊備用。

2. 蝦仁洗淨後用鹽和白胡椒粉抓醃，靜置 10 分鐘，之後將蝦仁表面均勻沾裹地瓜粉。

3. 鍋子加熱，加油，放入作法②的蝦仁，以半煎炸的方式將蝦仁煎熟。

4. 將美乃滋和檸檬汁放入大碗中拌勻，再將炸好的蝦仁和鳳梨放入拌勻。

5. 先鋪一張保鮮膜，再放上一張大海苔，取適量白飯放在海苔正中央，放上作法④的鳳梨蝦球，及生菜，最後再鋪上一層白飯。

6. 用海苔將飯糰包起，包成長方形，再用保鮮膜將整個飯糰緊密包好，靜置 5 分鐘後再從中間對切即完成。

免捏系列 recipe6

豆芽菜牛肉漢堡排免捏飯糰

材料 〖1個〗

白飯・120 公克

海苔（18×20 公分）・1 片

豆芽菜・20 公克

太白粉・少許

牛絞肉・100 公克

蛋黃・1 個

鹽・1 小匙

黑胡椒粉・1 小匙

A

醬油 1 大匙

米酒 1/2 大匙

味醂 1/2 大匙

作法

1. 豆芽菜洗淨瀝乾，撒入太白粉（圖1），讓豆芽菜均勻沾裹。

2. 將牛絞肉、鹽、黑胡椒粉、蛋黃放入料理盆拌勻，再拌入作法①的豆芽菜（圖2），取適量捏成圓形（圖3）。

3. 平底鍋加熱，加油，油熱了之後放入作法②的漢堡排，稍微壓扁，兩面各煎3分鐘，最後淋上［A］，慢慢將漢堡排煎熟。

4. 先鋪一張保鮮膜，取適量白飯放在正中央，放上作法③的漢堡排（圖4），用保鮮膜慢慢將漢堡排包入白飯中（圖5）。

5. 再鋪上一張保鮮膜，放上一張大海苔，放上作法④，用海苔將飯糰包起（圖6），包成長方形，再用保鮮膜將整個飯糰緊密包好，靜置5分鐘後再從中間對切即完成（圖7、8）。

免捏系列 recipe7

厚蛋燻鮭魚免捏飯糰

材料 〖1個〗

白飯・120 公克
海苔（18×20 公分）・1 片
燻鮭魚・1 片
蛋・2 顆
美乃滋・1 大匙
秋葵・4 條

作法

1. 蛋打勻後加入美乃滋拌勻，用玉子燒鍋做成厚蛋備用。

2. 秋葵洗淨，用加了鹽（分量外）的滾水汆燙 20 秒，撈起後冰鎮備用。

3. 先鋪一張保鮮膜，再放上一張大海苔，取適量白飯放在海苔正中央，依序放上作法①的厚蛋，作法②的秋葵，以及燻鮭魚，最後再鋪上一層白飯。

4. 用海苔將飯糰包起，包成長方形，再用保鮮膜將整個飯糰緊密包好，靜置 5 分鐘後再從中間對切即完成。

免捏系列 recipe8

泡菜豬排免捏飯糰

材料『1個』

白飯‧120 公克

海苔（18×20 公分）‧1 片

四季豆‧8 根

里肌豬排‧100 公克

麵粉‧1 大匙

蛋液‧1 顆

麵包粉‧1 大匙

泡菜‧50 公克

鹽‧適量

白胡椒粉‧適量

作法

1. 豬排表面撒鹽和白胡椒粉，靜置 10 分鐘。

2. 再將作法①依序裹上麵粉、蛋液、麵包粉，用 170 度油炸熟。

3. 四季豆洗淨，切去頭尾，以加了鹽（分量外）的滾水汆燙 30 秒後撈起冰鎮，瀝乾備用。

4. 先鋪一張保鮮膜，再放上一張大海苔，取適量白飯放在海苔正中央，依序放上作法③的四季豆，作法②的豬排，以及泡菜，最後再鋪上一層白飯。

5. 用海苔將飯糰包起，包成長方形，再用保鮮膜將整個飯糰緊密包好，靜置 5 分鐘後再從中間對切即完成。

10 炸飯糰

將飯糰拿來炸吧！相信吃到的人都會覺得驚豔。

▪ 此款飯糰每顆米飯使用量大約 80 ～ 90 公克，一杯米大約可做 3 個飯糰。

小魚昆布湯
作法請參見 P137

牛肉起司米球炸飯糰

油炸系列 recipe1

牛肉起司米球炸飯糰

材料 〖2個〗

白飯・160 公克

牛絞肉・50 公克

A 鹽・1 又 1/2 小匙
黑胡椒粉・1 小匙

起司・4 塊

麵粉・1 大匙

蛋液・1 顆

麵包粉・1 大匙

作法

1. 將白飯和牛絞肉放入大碗中，加入 [**A**] 調味拌勻（圖 1、2），再分成兩等份。

2. 取作法①，分別置於掌心壓平，中間放入起司塊後包起（圖 3），揉成圓球狀（圖 4）。

3. 將作法②依序沾裹麵粉、蛋液、麵包粉。

4. 放入 170 度的油鍋（圖 5），炸 5 分鐘即完成（圖 6）。

飯糰日記

若買不到塊狀起司，可將市售起司片 2 片疊起，對半切後再疊起，再對半切後再疊起，然後再切成四等份小塊（如圖 3）。

127

油炸系列 recipe2

梅乾肉炸飯糰

材料 〖2個〗

白飯・180 公克

豬絞肉・50 公克

梅乾菜・30 公克

A

醬油・1 小匙

鹽・1 小匙

白胡椒粉・1 小匙

麵粉・1 大匙

蛋液・1 顆

麵包粉・1 大匙

作法

1. 梅乾菜泡水 15 分鐘，將水擠乾，切成細末。

2. 將白飯、豬絞肉和作法①的梅乾菜末放入大碗中，加入 [A] 拌勻，再分成兩等份。

3. 取作法②，分別置於掌心揉成圓球狀。

4. 將作法③依序沾裹麵粉、蛋液、麵包粉。

5. 放入 170 度的油鍋內炸 5 分鐘即完成。

梅乾菜因每個廠商的製作方式不同，浸泡時間請依包裝指示。

油炸系列 recipe3

醬油起司炸飯糰

材料〖2個〗

白飯‧180 公克

紅蘿蔔丁‧1 小匙

蔥末‧1 小匙

醬油‧1 大匙

起司粉‧1 大匙

麵粉‧1 大匙

蛋液‧1 顆

麵包粉‧1 大匙

作法

1. 將白飯、紅蘿蔔丁、蔥末、醬油和起司粉放入大碗中拌勻，再分成兩等份。

2. 取作法①，分別置於掌心揉成圓球狀。

3. 將作法②依序沾裹麵粉、蛋液、麵包粉。

4. 放入 170 度的油鍋內炸 5 分鐘即完成。

飯糰日記

這款炸飯糰只用醬油＋起司粉就很棒，不過加入一些青菜顏色更豐富。

油炸系列 recipe4

蝦仁芹菜炸飯糰

材料 〖2個〗

白飯‧160 公克

蝦仁‧50 公克

芹菜‧30 公克

A
- 鹽‧1 又 1/2 小匙
- 美乃滋‧1 大匙
- 芥末醬‧1 小匙
- 白胡椒粉‧1 小匙

麵粉‧1 大匙

蛋液‧1 顆

麵包粉‧1 大匙

作法

1. 蝦仁去泥腸，洗淨擦乾後剁成小塊，芹菜洗淨後切小段。

2. 將白飯、作法①的蝦肉、芹菜以及 ［A］放入大碗中拌勻，再分成兩等份。

3. 取作法②，分別置於掌心揉成圓球狀。

4. 將作法③依序沾裹麵粉、蛋液、麵包粉。

5. 放入 170 度的油鍋內炸 5 分鐘即完成。

芹菜也可以用西洋芹取代，若用西洋芹，可切細一點，較不影響口感。

油炸系列 recipe5

牛肉球炸飯糰

材料〖2個〗

白飯·180 公克

牛肉球·2 顆

A
蛋·1 顆
鹽·1 又 1/2 小匙
黑胡椒粉·1 小匙
美乃滋·1 大匙

麵粉·1 大匙

蛋液·1 顆

麵包粉·1 大匙

作法

1. 將白飯和［A］放入大碗中拌勻，稍微靜置讓米飯吸收醬汁。再分成兩等份。

2. 取作法①，分別置於掌心壓平，中間放入一顆牛肉球，將牛肉球包起揉成圓球狀。

3. 將作法②依序沾裹麵粉、蛋液、麵包粉。

4. 放入 170 度的油鍋內炸 5 分鐘即完成。

飯糰日記

這裡用的牛肉球是 IKEA 所販售的牛肉球，是冷凍熟食，所以退冰後即可包入飯糰內。

菜脯花生炸飯糰 ▶

材料〖2個〗

白飯·160 公克

菜脯·40 公克

辣椒·1/2 根

花生粒·30 公克

豬油·1 大匙

A
糖·2 小匙
醬油·1 小匙
白胡椒粉·1 小匙

麵粉·1 大匙

蛋液·1 顆

麵包粉·1 大匙

作法

1. 菜脯泡水 20 ～ 30 分鐘,泡好後瀝乾切小丁。

2. 辣椒對切去籽後切細末。

3. 鍋子加熱,放入豬油,將作法①的菜脯放入炒到表面沒有水分,再加入 [A]、作法②的辣椒及花生粒炒勻取出備用。

4. 將白飯、作法③的菜脯花生放入料理盆,拌勻後分成兩等分。

5. 取作法④,分別置於掌心揉成圓球狀。

6. 將作法⑤依序沾裹麵粉、蛋液、麵包粉。

7. 放入 170 度的油鍋內炸 5 分鐘即完成。

飯糰日記

台灣菜脯種類多,鹽分含量不一,每款的泡水時間可能會有差異,建議購買時看一下包裝或詢問製作的攤商,或是每泡 10 分鐘就試吃看看,泡到可以接受的鹹度再取出使用。

油炸系列 recipe7

香菇青菜炸飯糰

材料〖2個〗

白飯‧160 公克

新鮮香菇‧30 公克

青江菜‧30 公克

A
| 鹽‧1 小匙
| 醬油‧1 小匙
| 白胡椒粉‧適量

麵粉‧1 大匙

蛋液‧1 顆

麵包粉‧1 大匙

作法

1. 香菇切絲,青江菜洗淨後切細絲。

2. 平底鍋加熱,加一點油,放入香菇絲炒香後取出備用。

3. 將白飯、香菇絲和青江菜絲放入料理盆,加入［A］拌勻,再分成兩等分。

4. 取作法③,分別置於掌心揉成圓球狀。

5. 將作法④依序沾裹麵粉、蛋液、麵包粉。

6. 放入 170 度的油鍋內炸 5 分鐘即完成。

飯糰日記

香菇本身水分很多,炒的時候可以去除多餘水分並炒出香氣。

飲品、湯品與配菜

準備一些適量又簡單的餐點搭配，讓吃飯糰的好心情更加倍。

Chapter

01

鳳梨蘋果汁

材料

鳳梨・60 公克　　蜂蜜・1 大匙
蘋果・1/2 顆　　水・500ml

作法

1. 鳳梨和蘋果洗淨削皮後切塊。
2. 將作法①放入調理杯中，加入水和蜂蜜，用調理棒攪拌均勻即完成。

Chapter

02

西生菜蛋花湯

材料

西生菜・40 公克	醬油・1 小匙
紅蘿蔔・20 公克　A	鹽・1 小匙
蛋・1 顆	黑胡椒粉・少許
水・800ml	

作法

1. 西生菜洗淨後用手撕成小片，紅蘿蔔削皮切絲，蛋打散。
2. 湯鍋內加水，加熱，水滾了之後放入西生菜、紅蘿蔔絲，加入 [A] 調味。
3. 最後淋入蛋液，煮成蛋花即關火。

Chapter

03

香蕉堅果牛奶

材料

牛奶・500ml

香蕉・1 根

堅果・1 大匙

作法

將所有材料放入調理杯中，
以調理棒打勻即完成。

Chapter

05 ｜ 小松菜拌豆腐

材料

小松菜・80 公克　　　芝麻油・1 小匙

嫩豆腐・100 公克　　柴魚片・適量

醬油・1/2 大匙

作法

1. 將嫩豆腐包裝中的水分去除，再用廚房紙
   巾將表面水分盡量吸乾。

2. 小松菜洗淨切段，用加了鹽（分量外）的
   滾水汆燙 10 秒，取出後馬上冰鎮，接著用
   乾淨的雙手將水分擠乾，切小段備用。

3. 將作法②放入碗內，拌入作法①的豆腐，
   拌勻後淋上醬油及芝麻油，最後放上柴魚
   片即完成。

Chapter

04

虎豆肉片湯

材料

虎豆・50 公克　　　鹽・適量

梅花肉片・50 公克　水・600ml

薑末・1 小匙

作法

1. 湯鍋加熱，加一點油，爆香薑
   末，放入肉片稍微拌炒。

2. 加水，放入虎豆，煮滾後轉小
   火，加鹽調味，再約煮 10 分鐘
   就完成了。

Tips・小松菜也可用波菜或其他相似的葉菜取代。

Chapter
06 | 金針排骨湯

材料

金針花 · 30 公克
排骨 · 150 公克
水 · 600ml
鹽 · 2 小匙

作法

1. 排骨放入滾水中汆燙 1 分鐘，撈起後放入另一鍋乾淨的水中，煮滾後轉小火，滾煮 30 分鐘。
2. 放入鹽調味，再加入金針花煮 10 分鐘即完成。

Chapter
07
——
醬煮南瓜

材料

南瓜塊 · 100 公克　冰糖 · 1 大匙
丁香魚乾 · 20 公克　醬油膏 · 2 大匙
薑絲 · 10 公克　　　水 · 500ml

作法

1. 小湯鍋加熱，加油，先放入薑絲稍微拌炒，再加入南瓜塊炒一下。
2. 再加入水、冰糖、醬油膏和丁香魚乾。
3. 以小火慢慢煮到南瓜變軟就完成了。

Chapter
08 | 雞肉皇帝豆湯

材料

雞肉 · 100 公克　　鹽 · 適量
皇帝豆 · 60 公克　　白胡椒粉 · 適量
水 · 600ml

作法

1. 湯鍋加熱，加油，油熱了之後放入雞肉煎香，再加入皇帝豆一起煎。
2. 將水加入作法①中，煮滾後轉小火，加鹽和白胡椒粉調味，小火滾煮 10 分鐘即完成。

Chapter
09

番茄鴻禧菇湯

材料

番茄 · 1 顆　　　醬油 · 2 小匙

鴻禧菇 · 30 公克　鹽 · 1 小匙

蒜片 · 3 片　　　糖 · 少許

作法

1. 番茄切小塊，鴻喜菇分成小株。
2. 湯鍋加熱，加一點油，放入蒜片和鴻禧菇，炒到鴻禧菇有香氣後加入作法①的番茄，再加水蓋過食材。
3. 再以醬油、鹽、糖調味，煮到滾後轉小火，滾煮 5 ～ 10 分鐘就完成了。

Chapter
10

小魚昆布湯

材料

丁香魚乾 · 20 公克　鹽 · 適量

昆布 · 1 片　　　　薑絲 · 適量

味噌 · 1 小匙　　　水 · 800ml

作法

1. 湯鍋內放入水、丁香魚乾、薑絲，及剪成細條狀的昆布，靜置30分鐘。
2. 開火，將作法①的湯加熱，煮到滾後轉小火，放入 1 小匙味噌，再加鹽調味即完成。

〖 蔬果飲品 〗

- 盡量挑選當季水果，也可以與蔬菜一起打成汁。
- 保存時間：1 小時內。

〖 美味湯品 〗

- 善用高湯與冰箱現有食材，快速煮出美味湯品。
- 保存時間：冷藏 3 天內。

〖 常備小菜 〗

- 可一次多煮一些，放在冰箱內，隨時取用。
- 保存時間：冷藏 7 天內。

ZOJIRUSHI

鉄器コート
豪熱羽釜®

頂級熱對流

徹底翻滾米粒，激發深層米飯甘甜

大火力×高壓力

最大1.3氣壓

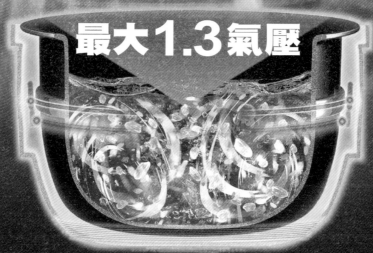

NW-JTF10/18

OKATTE飯鍋
MEISTER HAND

CB JAPAN

TPU防霉抗菌砧板

即日起在Pinkoi的 **CB JAPAN . MEISTER HAND . 三好製作所**
品牌館輸入以下優惠折扣碼即可享有全系列商品95折優惠

SUNBOW201901
使用期限至2019/12/31

CB JAPAN   MEISTER HAND   三好製作所

三好製作所
小房子系列飯糰盒

CB Japan 台灣總代理：晴虹實業有限公司　FB粉絲專業：CB Japan in Taiwan　官網：www.sun-bow.com

三星有機行健米，
一年一收新鮮營養豐富，
個別驗證，單獨標示生產者。

主要種植台農秈22號米，高纖低澱粉，口感較軟，
米飯具有優雅之蓮花清香味，稻株葉片亦具有香味，
白飯、煮粥、炒飯都好吃。

宜蘭三星「行健有機村」座落於行健溪、安農溪構成的天然隔離帶上，是台灣生態農業的先驅，也是唯一的有機米專區，來自雪山山脈富含礦物質的水源，沖積出這一片沃土，無論新來舊到，我們共同的夢想，就是找回兒時的蟲鳥和螢光。

📞 03-9892125
📍 266 宜蘭縣三星鄉廣富路26號
🌐 https://www.fcrm.com.tw/site/eatricetw
📘 https://www.facebook.com/eatricetw

積木文化

104 台北市民生東路二段141號5樓

英屬蓋曼群島商家庭傳媒股份有限公司　城邦分公司

請沿虛線對摺裝訂，謝謝！

部落格	**CubeBlog**
	cubepress.com.tw
臉　書	**CubeZests**
	facebook.com/CubeZests
電子書	**CubeBooks**
	cubepress.com.tw/books

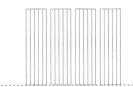

積木生活實驗室
部落格、facebook、手機app
隨時隨地，無時無刻。

非常感謝您參加本書抽獎活動，誠摯邀請您填寫以下問卷，並寄回積木文化
（免付郵資）抽好禮。積木文化謝謝您的鼓勵與支持。

1. 購買書名：＿＿＿＿＿＿＿＿＿＿＿＿＿＿＿＿＿＿＿＿＿＿＿＿＿＿＿＿＿＿＿

2. 購買地點：□書店，店名：＿＿＿＿＿＿＿＿＿＿＿，地點：＿＿＿＿＿＿＿＿＿縣市
   □書展 □郵購 □網路書店，店名：＿＿＿＿＿＿＿＿＿ □其他＿＿＿＿＿＿＿＿＿

3. 您從何處得知本書出版？
   □書店 □報紙雜誌 □ DM 書訊 □朋友 □網路書訊　部落客，名稱＿＿＿＿＿＿＿
   □廣播電視 □其他＿＿＿＿＿＿＿＿＿＿＿

4. 您對本書的評價（請填代號 1 非常滿意　2 滿意　3 尚可　4 再改進）
   書名＿＿＿＿　內容＿＿＿＿　封面設計＿＿＿＿　版面編排＿＿＿＿　實用性＿＿＿＿

5. 您購書時的主要考量因素：（可複選）
   □作者 □主題 □口碑 □出版社 □價格 □實用 其他＿＿＿＿＿＿＿＿＿＿＿＿＿＿

6. 您習慣以何種方式購書？□書店 □書展 □網路書店 □量販店 □其他＿＿＿＿＿＿

7-1. 您偏好的飲食書主題（可複選）：
   □入門食譜 □主廚經典 □烘焙甜點 □健康養生 □品飲 (酒茶咖啡) □特殊食材 □ 烹調技法
   □特殊工具、鍋具，偏好 □不銹鋼 □琺瑯 □陶瓦器 □玻璃 □生鐵鑄鐵 □料理家電（可複選）
   □異國／地方料理，偏好 □法 □義 □德 □北歐 □日 □韓 □東南亞 □印度 □美國（可複選）
   □其他＿＿＿＿＿＿＿＿＿＿

7-2. 您對食譜／飲食書的期待：（請填入代號 1 非常重要 2 重要 3 普通 4 不重要）
   作者知名度＿＿＿ 主題特殊／趣味性＿＿＿ 知識＆技巧＿＿＿ 價格＿＿＿ 書封版面設計＿＿＿
   其他＿＿＿＿＿＿＿＿＿＿＿＿＿＿＿＿＿＿＿

7-3. 您偏好參加哪種飲食新書活動：
   □料理示範講座　□料理學習教室　□飲食專題講座　□品酒會 □試飲會 □其他＿＿＿＿＿

7-4. 您是否願意參加付費活動：□是 □否；（是──請繼續回答以下問題）：
   可接受活動價格：□ 300-500　□ 500-1000　□ 1000 以上　□視活動類型上 □無所謂
   偏好參加活動時間：□平日晚上　□週五晚上　□周末下午　□周末晚上

7-5. 您偏好如何收到飲食新書活動訊息
   □郵件文宣　□ EMAIL 文宣　□ FB 粉絲團發布消息　□其他＿＿＿＿＿＿＿＿＿＿

★歡迎來信 service_cube@hmg.com.tw 訂閱「積木樂活電子報」或加入 FB「積木生活實驗室」

8. 您每年購入食譜書的數量：□不一定會買 □ 1~3 本 □ 4~8 本 □ 9 本以上

9. 讀者資料 · 姓名：＿＿＿＿＿＿＿＿＿＿＿
   · 性別：□男 □女　· 電子信箱：＿＿＿＿＿＿＿＿＿＿＿＿＿＿＿＿＿＿＿＿
   · 收件地址：＿＿＿＿＿＿＿＿＿＿＿＿＿＿＿＿＿＿＿＿＿＿＿＿＿＿＿＿＿＿
（請務必詳細填寫以上資料，以確保您參與活動中獎權益！如因資料錯誤導致無法通知，視同放棄中獎權益。）
   · 居住地：□北部 □中部 □南部 □東部 □離島 □國外地區
   · 年齡：□ 15 歲以下 □ 15~20 歲 □ 20~30 歲 □ 30~40 歲 □ 40~50 歲 □ 50 歲以上
   · 教育程度：□碩士及以上　□大專　□高中　□國中及以下
   · 職業：□學生　□軍警　□公教　□資訊業 □金融業　□大眾傳播　□服務業　□自由業
          □銷售業　□製造業　□家管　□其他＿＿＿＿＿＿＿＿＿＿＿＿＿＿＿＿＿＿
   · 月收入：□ 20,000 以下 □ 20,000~40,000 □ 40,000~60,000 □ 60,000~80000 □ 80,000 以上
   · 是否願意持續收到積木的新書與活動訊息：□是　□否

＿＿＿＿＿＿＿＿＿＿＿＿＿＿＿＿＿＿＿＿（簽名）

內頁標示 ▶ 符號即有示範影片，連結請掃QRcode碼或鍵入網址

示範影片
cubepress.com.tw/download-perm/riseball

五味坊110

一起來‧捏飯糰

國民媽媽教你吃當季、選在地，80款當點心、便當、主餐與野餐都好吃的超級飯糰

作者／宜手作｜插畫／陳語直｜攝影／王正毅、王文廷｜總編輯／王秀婷｜主編／洪淑暖｜版權／徐昉驊｜行銷業務／黃明雪｜發行人／凃玉雲｜出版／積木文化 104台北市民生東路二段141號5樓　官方部落格：http://cubepress.com.tw/　電話：(02) 2500-7696　傳真：(02) 2500-1953　讀者服務信箱：service_cube@hmg.com.tw｜發行／英屬蓋曼群島商家庭傳媒股份有限公司城邦分公司　台北市民生東路二段141號11樓　讀者服務專線：(02)25007718-9　24小時傳真專線：(02)25001990-1　服務時間：週一至週五上午09:30-12:00、下午13:30-17:00　郵撥：19863813　戶名：書虫股份有限公司　網站：城邦讀書花園　網址：www.cite.com.tw｜香港發行所／城邦（香港）出版集團有限公司　香港灣仔駱克道193號東超商業中心1樓／電話：852-25086231　傳真：852-25789337　電子信箱：hkcite@biznetvigator.com｜馬新發行所／城邦（馬新）出版集團　Cite (M) Sdn Bhd 41, Jalan Radin Anum, Bandar Baru Sri Petaling, 57000 Kuala Lumpur, Malaysia.　電話：603-90563833　傳真：603-90576622 email: services@cite.my｜美術設計／曲文瑩｜製版印刷／上晴彩色印刷製版有限公司｜2019年8月13日 初版一刷　2023年4月11日 初版六刷　Printed in Taiwan.｜售價／360元　ISBN 978-986-459-190-9【紙本／電子書】｜版權所有‧翻印必究

國家圖書館出版品預行編目（CIP）資料

一起來‧捏飯糰
國民媽媽教你一次學會80個適合早餐、午餐、晚餐、野餐的美味快速手捏飯糰／宜手作著. -- 初版. -- 臺北市：積木文化出版：家庭傳媒城邦分公司發行, 2019.09
144面；17×23公分. --（五味坊；109）
ISBN 978-986-459-190-9（平裝）

1.飯粥 2.食譜

427.35　　　　　　108010353

城邦讀書花園
www.cite.com.tw
Printed in Taiwan.